企业级卓越人才培养（信息类专业集群）解决方案“十三五”规划教材

HTML5 与 CSS3 项目实战

天津滨海迅腾集团有限公司　主编

南开大学出版社
天　津

图书在版编目(CIP)数据

HTML5 与 CSS3 项目实战 / 天津滨海迅腾科技集团有限公司主编. —天津:南开大学出版社,2017.5(2021.7 重印)
ISBN 978-7-310-05329-2

Ⅰ.①H… Ⅱ.①天… Ⅲ.①超文本标记语言－程序设计 Ⅳ.①TP312.8

中国版本图书馆 CIP 数据核字(2017)第 015419 号

HTML5 与 CSS3 项目实战
HTML 5 YU CSS 3 XIANGMU SHIZHANU

南开大学出版社出版发行
出版人:陈　敬
地址:天津市南开区卫津路 94 号　　邮政编码:300071
营销部电话:(022)23508339　营销部传真:(022)23508542
http://www.nkup.com.cn

河北文曲印刷有限公司印刷　全国各地新华书店经销
2017 年 5 月第 1 版　2021 年 7 月第 7 次印刷
260×185 毫米　16 开本　16.75 印张　420 千字
定价:50.00 元

如遇图书印装质量问题,请与本社营销部联系调换,电话:(022)23508339

企业级卓越人才培养（信息类专业集群）解决方案“十三五”规划教材编写委员会

编　者：王新强　刘文娟　窦珍珍　高德梅　张体勇　吴　琼

企业级卓越人才培养(信息类专业集群)解决方案简介

企业级卓越人才培养（信息类专业集群）解决方案（以下简称“解决方案”）是面向我国职业教育量身定制的应用型、技术技能型人才培养解决方案，以天津滨海迅腾科技集团技术研发为依托，联合国内职业教育领域相关行业、企业、职业院校共同研究与实践研发的科研成果。本解决方案坚持“创新产教融合协同育人，推进校企合作模式改革”的宗旨，消化吸收德国“双元制”应用型人才培养模式，深入践行“基于工作过程”的技术技能型人才培养，设立工程实践创新培养的企业化培养解决方案。在服务国家战略、京津冀教育协同发展、中国制造 2025（工业信息化）等领域培养不同层次及领域的信息化人才。为推进我国教育现代化发挥应有的作用。

该解决方案由“初、中、高级工程师”三个阶段构成，集技能型人才培养方案、专业教程、课程标准、数字资源包（标准课程包、企业项目包）、考评体系、认证体系、教学管理体系、就业管理体系等于一体。采用校企融合、产学融合、师资融合的模式在高校内共建互联网学院、软件学院、工程师培养基地的方式，开展“卓越工程师培养计划”，开设系列“卓越工程师班”，“将企业人才需求标准、企业工作流程、企业研发项目、企业考评体系、企业一线工程师、准职业人才培养体系、企业管理体系引进课堂”，充分发挥校企双方特长，推动校企、校际合作，促进区域优质资源共建共享，实现卓越人才培养目标，达到企业人才培养及招录的标准。本解决方案已在全国近二十所高校开始实施，目前已形成企业、高校、学生三方共赢格局。未来五年将努力实现在年培养能力达到万人的目标。

天津滨海迅腾科技集团是以 IT 产业为主导的高科技企业集团，总部设立在北方经济中心——天津，子公司和分支机构遍布全国近 20 个省市，集团旗下的迅腾国际、迅腾科技、迅腾网络、迅腾生物、迅腾日化分属于 IT 教育、软件研发、互联网服务、生物科技、快速消费品五大产业模块，形成了以科技为原动力的现代科技服务产业链。集团先后荣获“全国双爱双评先进单位”“天津市五一劳动奖状”“天津市政府授予 AAA 级和谐企业”“天津市文明单位”“高新技术企业”“骨干科技企业”等近百项殊荣。集团多年中自主研发天津市科技成果 2 项，具备自主知识产权的开发项目数十余项。现为国家工业和信息化部人才交流中心“全国信息化工程师”项目联合认证单位。

前　言

网络技术的日益成熟,给人们带来了诸多方便。越来越多的网站走进了我们的生活,网站的应用已经渗透到各个行业之中,越来越多的企业需要创建自己的网站。

本书主要介绍 HTML5 和 CSS3 有哪些变化,这些变化在项目中如何应用,应用这些新知识编写的项目有哪些好处。本书主要以技能点为单位,并采用每个技能点匹配一个小案例的方法来讲解。

本书共八个项目,以“同程旅游界面设计”→“ 百度导航界面设计”→“去哪儿旅游主界面设计”→“ 衣世界旗舰店主界面设计”→“ 携程旅游用户注册界面设计”→“ 酷狗音乐播放器界面”→“ 使用 HTML5 绘制钟表”→“ HTML5+CSS3 开发迅腾科技集团首页”为线索,内容从 HTML5 的主要特性、变化及发展趋势,CSS3 的基本知识,了解网页布局基本知识,图像的设置,HTML5 中的列表标签,HTML5 表单的属性和方法,Video 标签,Audio 标签的事件和方法到 Canvas 绘制图形的相关知识介绍。循序渐进地讲述了网页设计工作所需要的知识。通过本书的学习,读者可以熟练地使用任何编程工具设计制作出丰富多彩的图像和多媒体的网页,并能够很好地制作出响应式布局网站。

本书在讲解知识点时采取的是 HTML 与 HTML5、CSS 与 CSS3 相对比的方式,这种方式使读者能够清晰地看到 HTML5 和 CSS3 添加了哪些属性,删除了哪些标签。本书采取的是循序渐进的方式来决定每个项目的主题。通过本书的学习,读者能够在制作项目时熟练使用所学的知识点。

本书的每个项目都分为学习目标、学习路径、任务描述、任务技能、任务实施、任务拓展、任务总结、英语角、任务习题九个模块来讲解相应的知识点。此结构条理清晰、内容详细,任务实施与任务拓展可以将所学的理论知识充分地应用到实战中。本书的八个项目都是与我们的生活息息相关的网站。

本书由王新强、刘文娟主编,窦珍珍、高德梅、张体勇、吴琼参与编写,由王新强、刘文娟统稿,王新强负责全面内容的规划、编排。具体分工如下:项目一、项目二、项目三由王新强、刘文娟、窦珍珍编写;项目四、项目五由高德梅、张体勇编写;项目六、项目七、项目八由王新强、吴琼、窦珍珍编写。

本书理论内容简明扼要、通俗易懂、即学即用;实例操作讲解细致,步骤清晰。在本书中,操作步骤后有相对应的效果图,便于读者直观、清晰地看到操作效果,牢记书中的操作步骤。

目 录

项目一　同程旅游界面设计

通过实现同程旅游界面，学习 HTML5 与 CSS3 相关知识，了解 HTML5 与 CSS3 发展历史、基础标签和自适应网站标签的使用。在任务实现过程中：

- 了解 HTML5 的文档结构、新增标签；
- 了解 CSS 样式规则；
- 掌握 CSS3 选择器；
- 了解自适应网站的概念。

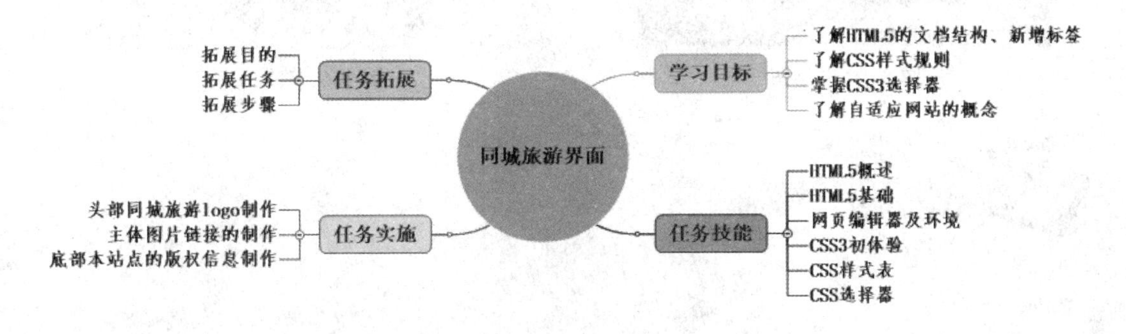

【情境导入】

随着科技的发展，网络在人们的生活中占有重要地位。旅游作为人们缓解压力的方式之一，使旅游网站也慢慢地走进了我们的生活。本次任务主要是实现同程旅游的界面设计。

【功能描述】

- 使用响应式布局技术来设计同程旅游界面；

- 头部包括同城旅游的 logo；
- 主体包括各种图片链接，例如：酒店、车票、门票等；
- 底部包括本站点的版权信息。

【基本框架】

基本框架如图 1.1 所示。通过本次任务的学习，能将框架图 1.1 转换成效果图 1.2。

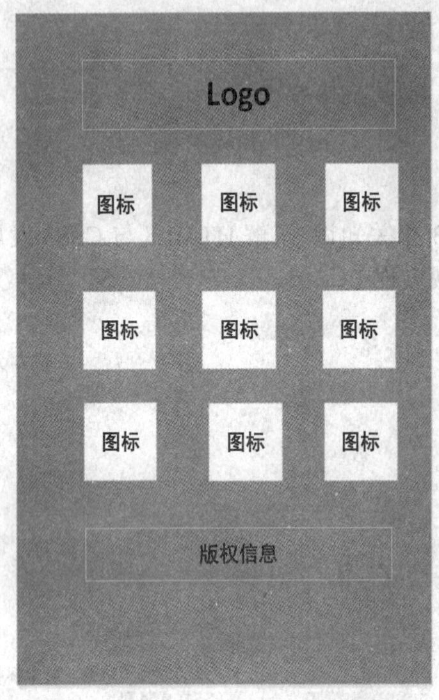

图 1.1　框架图

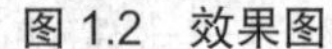

图 1.2　效果图

技能点 1　HTML5 概述

1　HTML5 的发展

通用标记语言下的一个应用 HTML 标准自 1999 年 12 月发布的 HTML4.0 后，后继的 HTML5 和其他标准被束之高阁，为了推动 Web 标准化运动的发展，一些公司联合起来，成立了一个叫做 Web 超文本应用技术工作组（Web Hypertext Application Technology Working Group，WHATWG）的组织。WHATWG 致力于 Web 表单和应用程序，而 W3C（World Wide

Web Consortium，万维网联盟）专注于 XHTML2.0。在 2006 年，双方决定进行合作，来创建一个新版本的 HTML。

HTML5 万维网的核心语言、标准通用标记语言下的一个应用超文本标记语言（HTML）的第五次重大修改（W3C Recommendation）。2014 年 10 月 29 日，万维网联盟宣布，经过接近 8 年的艰苦努力，标准规范终于制定完成。

2　HTML5 的优点

（1）快速迭代

互联网产品大多免费、且有网络效应，后入者抢夺用户的难度非常大。使用原生开发，从招聘、开发、上线各个环节的效率都慢一倍以上，而且参与的人越多，沟通效率往往拖慢不止一倍。

（2）减低成本

创业者融资并不容易，如何花钱更高效非常重要。如果你使用原生开发的 App 和竞争对手使用 HTML5 开发的 App 没什么区别，但你的开发成本高出一倍，我相信没有投资人会喜欢给你投钱。

（3）导流入口多

HTML5 应用导流非常容易，超级 App、搜索引擎、应用市场、浏览器，到处都是 HTML5 的流量入口。而原生 App 的流量入口只有应用市场。聪明的 HTML5 开发者当然会玩转各种流量入口从而取得更强的优势。

（4）分发效率高

除了入口多、流量大，导流效率高也不可忽视。

技能点 2　HTML5 基础

1　HTML5 文档的基本结构

每门语言都有自己特定的格式和规范，HTML5 也不例外。HTML5 文档的基本结构如下：

```
<!doctype html>
<html>
        <head>
        <meta charset="utf-8">
        <title> 无标题文档 </title>
        </head>
<body>
</body>
</html>
```

HTML5 文档结构包括以下四个部分：

（1）<!doctype> 用于向浏览器说明当前文档使用哪种 HTML 标签。

（2）<html> 和 </html> 分别表示文档的开始和结束，用于告知浏览器该文档自身是一个 HTML 文档。

（3）<head></head> 为头部标签，用于定义 HTML 文档的头部信息，紧跟在 <html> 标签后，里面包括的内容有 <title>、<meta>、<link> 和 <style> 等。

（4）<body></body> 为主体标签，用于定义 HTML 文档所要显示的内容，在浏览器中所看到的图片、音频、视频、文本等都位于 <body> 内。该标签中的内容是展示给用户看的。

2 HTML5 语法

HTML5 为了更好的兼容各浏览器，在设计和语法方面发生了一些变化，语法变化的主要内容如下：

- 标签不再区分大小写；
- 元素可以省略结束标签；
- 允许省略属性的属性值；
- 允许属性值不使用引号。

3 HTML5 新增标签

HTML5 和 HTML 相比，增加了结构标签、语义标签、特殊功能标签以及 audio、video 标签等。其中新增标签如表 1.1 所示。

表 1.1 HTML5 新增标签

标签	描述
<article>	用于描述页面上一处完整的文章
<nav>	用于定义导航条，包括主导航条、页面导航、底部导航等
<aside>	用于定义当前页面的附属信息，内容和 article 内容相关
<hgroup>	用于对网页或区段（section）的标题进行组合
<figure>	用于对元素进行组合
<header>	用于定义文档的页眉（介绍信息）
<footer>	用于定义 section 或 document 的页脚

提示：想了解或学习 HTML5 新增标签，扫描图中二维码，获得更多信息。

HTML5 新增标签和废弃标签

技能点 3　网页编辑器及环境

通过以上两节的讲解，大家对 HTML5 的知识有了一定的了解，接下来为大家介绍一下 HTML5 是如何编写的，还有它的运行环境。

1　网页编辑器

随着编写网页的语言在不断地更新，网页编辑器也在不断地开发。其中几款为大家所熟知的网页编辑器有 Notepad++、Dreamweaver、Sublime Text，而接下来要介绍的就是 Sublime Text 编辑器，本书接下来的项目将使用 Sublime Text 编写，效果如图 1.3 所示。

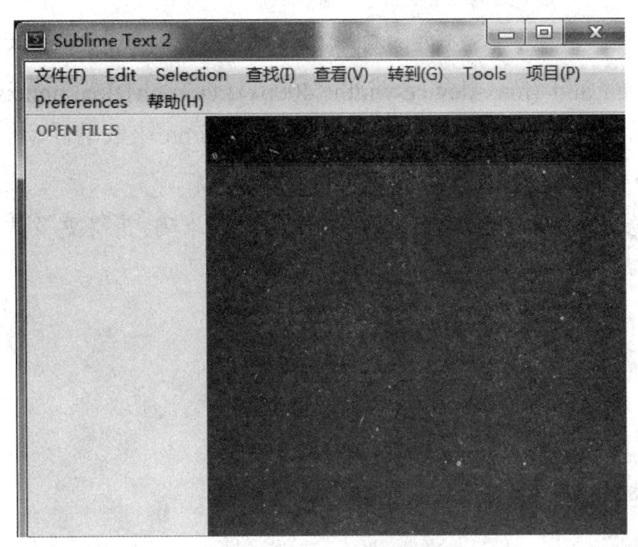

图 1.3　Sublime Text

2　自适应网页设计

当使用 Sublime Text 进行网页编辑之后，打开浏览器就会看到想要的效果，随着智能手机的普及，设计的界面也需要在手机端显示，为了能够在手机端正常显示，我们需要使网页宽度自动调整。

（1）在网页代码的头部，加入一行 viewport 元标签

< meta name="viewport" content="initial-scale=1.0, maximum-scale=1.0, minimum-scale=1.0, user-scalable=yes, width=device-width"/>

其中：

width=device-width：表示宽度是设备屏幕的宽度；

initial-scale=1.0：表示初始的缩放比例；

minimum-scale=1.0：表示最小的缩放比例；

maximum-scale=1.0：表示最大的缩放比例；

user-scalable=yes：表示用户是否可以调整缩放比例。

（2）不使用绝对宽度

所谓不使用绝对宽度就是说 CSS 代码不能使用固定数值定义像素宽度：width:xxx px;只能使用百分比来定义列宽度：width: xx%; 或者 width:auto; 或者使用最大宽度和最大高度 max-width 或者 max-height;

（3）Media Query 模块

Media Query 模块为自动探测屏幕宽度，然后加载相应的 CSS 文件。

如：media="screen and (max-device-width: 300px)"href="tiny.css" /> 表示如果屏幕宽度小于 300 像素（max-device-width: 300px），就加载 tiny.css 文件。media="screen and (min-width: 300px) and (max-device-width: 600px)" href="small.css" /> 如果屏幕宽度在 300 像素到 600 像素之间，则加载 small.css 文件。

（4）@media

@media 规则用于同一个 CSS 文件中，根据不同的屏幕分辨率，选择不同的 CSS 规则。

如 :@media screen and (max-device-width: 400px){.column{float:none;width:auto;}#sidebar{display:none;}} 表示如果屏幕宽度小于 400 像素，则 column 块取消浮动（float:none）、宽度自动调节（width:auto），sidebar 块不显示（display:none）。

提示：想了解或学习自适应网页设计，扫描图中二维码，获得更多信息。

自适应网页设计

3 手机端访问网页环境部署

使用 Sublime Text 编写完成后，点击浏览器就能出现效果，想要使用手机访问，我们不仅需要在头部添加响应式布局所对应的代码，还需要配置服务器的环境才可以在手机上访问。（本处以 Tomcat 7.0 为例说明。）

（1）下载 Tomcat 软件，网址为 http://tomcat.apache.org/download-70.cgi。

（2）配置 Tomcat 环境。

拓展：配置相关的服务器 Tomcat 软件以及 JDK 的安装和配置，可扫描图中的二维码，获取更多信息。

JDK1.8 安装及环境变量配置

（3）启动 Tomcat 软件

运行 Tomcat 中 bin 目录下的 startup.bat。Tomcat 启动成功效果如图 1.4 所示。

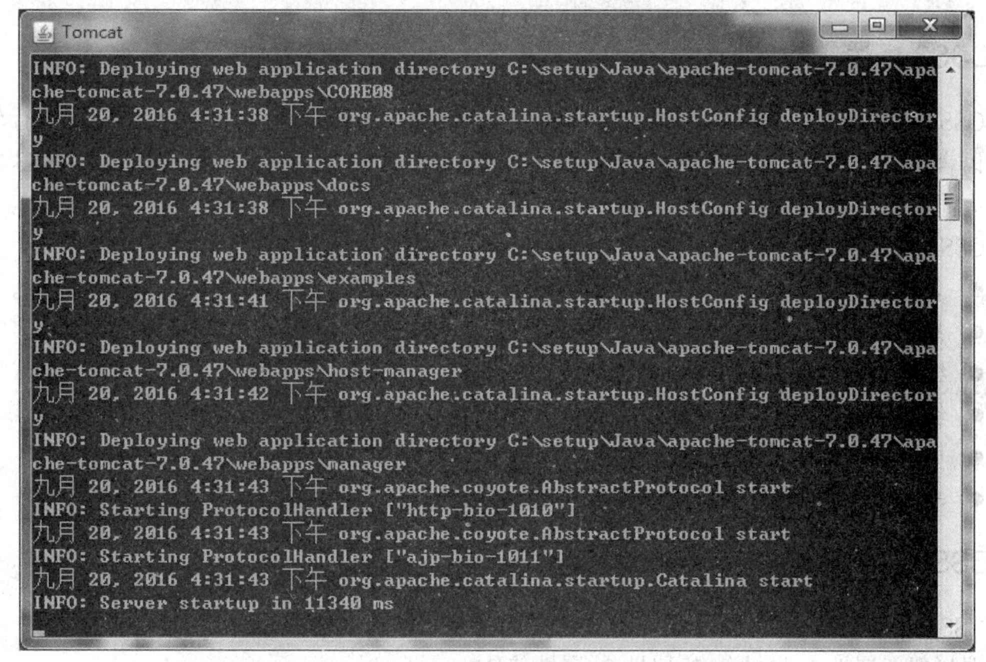

图 1.4　Tomcat 启动界面

（4）启动成功后在网页上输入 localhost:1010，效果如图 1.5 所示。（1010 为 Tomcat 端口号，默认端口号为 8080。）

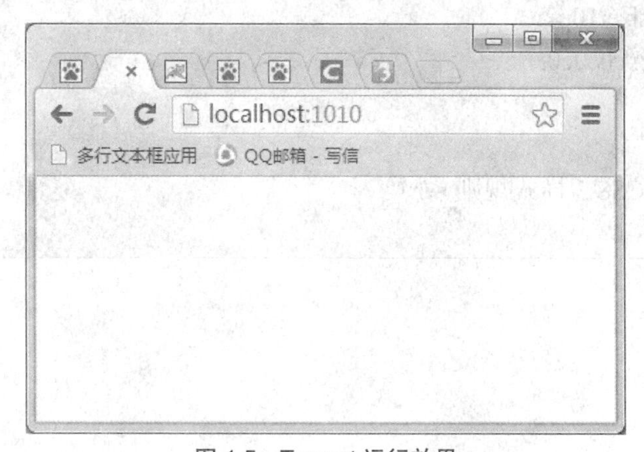

图 1.5　Tomcat 运行效果

（5）把相应的项目放到 Tomcat 目录下 webapps 文件中。

（6）配置局域网。使手机和电脑在同一局域网中。

（7）打开手机浏览器，输入 localhost: 端口号 / 文件夹 / 文件 .html。即可访问电脑端的网页。

技能点 4　CSS3 初体验

1　CSS3 概述

CSS3（Cascading Style Sheet，层叠样式表）是一种不需要编译、可直接由浏览器执行的标记性语言，用于控制页面的布局、文字的大小和颜色、图片位置、列表、表单等样式。CSS3 的产生大大简化了编程模型。

CSS3 样式表的特点如下：

- 表现和内容分离；
- 易于维护和改版；
- 缩减页面代码，提高页面浏览速度；
- 结构清晰，精确的控制网页中各元素的位置；
- 更好的控制页面的布局；
- 与脚本语言相结合，从而产生各种动态效果。

2　CSS3 样式规则

CSS3 主要是给文字、图片设置样式和布局，CSS3 的标准格式为：

选择器 { 属性 1: 属性值 1; 属性 2: 属性值 2}

具体代码如下所示：

```
h1{
        font-size:10px;
        color:#c0c0c0;
}
<div >
        <h1>CSS 3 样式规则 </h1>
</div>
```

技能点 5　CSS3 样式表

在 CSS3 里可以使用如下四种方法，将样式表的功能加到网页里。

（1）定义标记的 style 属性；

（2）定义内部样式表；

（3）嵌入外部样式表；

（4）链接外部样式表。

1　定义标记的 style 属性

CSS3 样式可以写在 HTML 标签内，用 style 属性表示，这个方法简便快捷，但是具有局限性，无法通用，该属性的语法格式为：< 标记 style=" 样式属性 : 属性值 ;...">

HTML 代码如下所示：

<div style="width:100px;height:auto"></div>

图 1.6　标记的 style 属性

为了实现图 1.6 效果，新建 CORE0101.html, 代码如 CORE0101 所示。

代码 CORE0101：标记的 style 属性

```
<!doctype html>
<html>
<head>
<meta charset="utf-8">
<meta content="width=device-width, initial-scale=1.0, minimum-scale=1.0, maximum-scale=1.0,user-scalable=no" name="viewport" />
<meta name="format-detection" content="telephone=no"/>
<meta name="apple-mobile-web-app-status-bar-style" />
<title> 标记的 style 属性 </title>
</head>
<body>
<p style="font-size:24px;color:#c0c0c0;"> 利用 style 属性设置文字的大小和样式 </p>
<p> 此行文字未定义 style 属性 </p>
</body>
</html>
```

2 定义内部样式

定义内部样式表即 CSS3 样式表写在 HTML 文档内，我们可以对整个 <head> 或者整个 <body> 设置样式，也可以对单个标签设置样式。CSS3 的基本语法为：

```
<style type="text/css">
选择符 1{ 样式属性 : 属性值 ; 样式属性 : 属性值 ;}
选择符 2{ 样式属性 : 属性值 ; 样式属性 : 属性值 ;}
……
</style>
```

下面举一个具体的例子解释一下内部样式表的应用，定义内部样式效果如图 1.7 所示。

图 1.7　定义内部样式

为了实现图 1.7 效果，新建 CORE0102.html，代码如 CORE0102 所示。

代码 CORE0102：定义内部样式

```
<!doctype html>
<html>
<head>
<meta charset="utf-8">
<meta content="width=device-width, initial-scale=1.0, minimum-scale=1.0, maximum-scale=1.0,user-scalable=no" name="viewport" />
<meta name="format-detection" content="telephone=no"/>
<meta name="apple-mobile-web-app-status-bar-style" />
<title> 定义内部样式 </title>
<style type="text/css">
.p1{font-size:22px;color:blue}/* 字体大小为 10 像素，字体颜色为蓝色 */
</style>
</head>
<body>
<p class="p1">CSS 内部样式表的定义 </p>
<p> 此行文字未定义 style 属性 </p>
</body>
</html>
```

3 嵌入外部样式表

嵌入外部样式表就是在 HTML 代码中直接导入样式表的方法。基本语法：

```
<style type="text/css">
@import url(" 外部样式表的文件名称 ");
</style>
```

该语法格式中 import 语句后的“;”一定要加上。

为了实现图 1.6 效果，新建 CORE0103.html，代码如 CORE0103 所示。

代码 CORE0103：嵌入外部样式

```
<!doctype html>
<html>
<head>
<meta charset="utf-8">
<meta content="width=device-width, initial-scale=1.0, minimum-scale=1.0, maxi-
mum-scale=1.0,user-scalable=no" name="viewport" />
<meta name="format-detection" content="telephone=no"/>
<meta name="apple-mobile-web-app-status-bar-style" />
<title> 定义内部样式 </title>
<style type="text/css">
@import url("test.css");
</style>
</head>
<body>
<p class="p1">CSS 嵌入外部样式表 </p>
<p> 此行文字未定义 style 属性 </p>
</body>
</html>
```

test.css 代码如 CORE0104 所示。

代码 CORE0104：嵌入外部样式

```
.p1{font-size:22px;color:blue}
```

4 链接外部样式表

链接外部样式表就是把外部的 CSS 文件链接到 HTML 中，基本语法为：

<link type="text/css" rel="stylesheet" href=" 外部样式表的文件名称 "> 要想实现图 1.2 的效果，只需把代码中

<style type="text/css">

```
    @import url("test.css");
</style>
```

换成 <link type="text/css" rel="stylesheet" href="test.css"> 即可。

技能点 6　CSS 选择器

要想将 CSS 样式应用于特定的 HTML 元素，首先需要找到该目标元素，在 CSS 中，执行这一任务的样式规格部分被称为选择器。

1　类选择器

类选择器根据类名来选择前面以“.”来标志，使用类选择器设置样式的效果如图 1.8 所示。

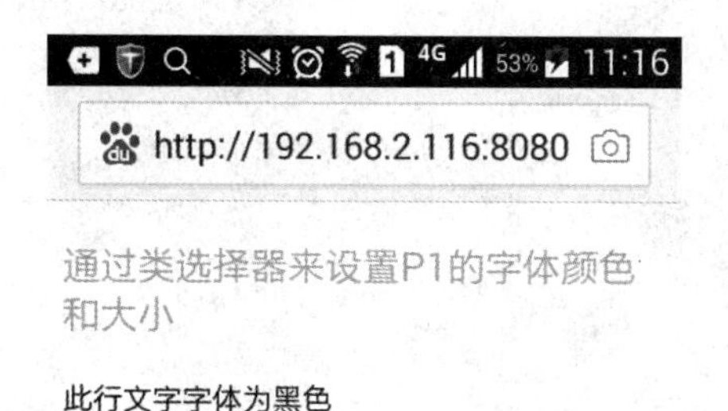

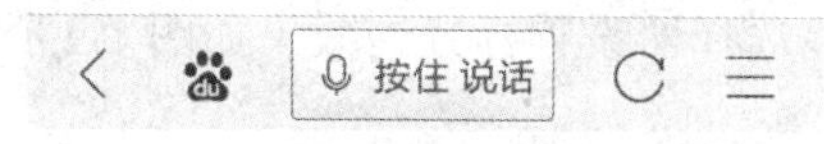

图 1.8　类选择器

为了实现图 1.8 的效果，新建 CORE0105.html，代码如 CORE0105 所示。

代码 CORE0105:类选择器

```
<!doctype html>
<html>
<head>
<meta charset="utf-8">
<meta content="width=device-width, initial-scale=1.0, minimum-scale=1.0, maximum-scale=1.0,user-scalable=no" name="viewport" />
<meta name="format-detection" content="telephone=no"/>
<meta name="apple-mobile-web-app-status-bar-style" />
<title> 类选择器 </title>
<style>
.p1{
font-size:20px;
color:#c0c0c0;
}
.p2{
        color:black;
}
</style>
</head>
<body>
<p class="p1"> 通过类选择器来设置 P1 的字体颜色和大小 </p>
<p class="p2"> 此行文字字体为黑色 </p>
</body>
</html>
```

2 标签选择器

一个完整的 HTML 页面是由很多不同的标签组成，而标签选择器，则是决定哪些标签采用相应的 CSS 样式。使用标签选择器设置样式的效果如图 1.9 所示。

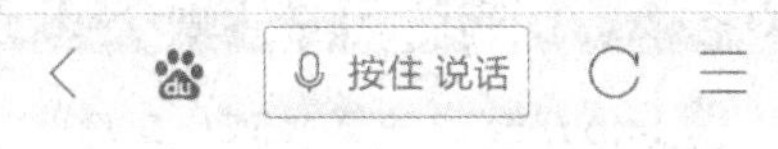
11:17
http://192.168.2.116:8080
通过标签选择器来设置字体的大小和颜色
此行文字无任何效果
通过标签选择器来设置字体的颜色和大小
按住 说话

图 1.9　标签选择器

为了实现图 1.9 的效果，新建 CORE0106.html，代码如 CORE0106 所示。

代码 CORE0106：标签选择器

```
<!doctype html>
<html>
<head>
<meta charset="utf-8">
<meta content="width=device-width, initial-scale=1.0, minimum-scale=1.0, maximum-scale=1.0,user-scalable=no" name="viewport" />
<meta name="format-detection" content="telephone=no"/>
<meta name="apple-mobile-web-app-status-bar-style" />
<title> 标签选择器 </title>
<style>
p{
font-size:24px;
color:blue;
}
</style>
</head>
<body>
<p> 通过标签选择器来设置字体的大小和颜色 </p>
```

```
<div> 此行文字无任何效果 </p>
<p> 通过标签选择器来设置字体的颜色和大小 </p>
</body>
</html>
```

3 ID 选择器

ID 选择器前面以“#”号来标志，根据元素 ID 来选择元素，具有唯一性，这意味着同一 ID 在同一文档页面中只能出现一次，ID 属性不允许有以空格分隔的词列表。如果想实现图 1.8 效果，只需设置样式为 #p1{font-size:20px;color:#c0c0c0;}。

4 后代选择器

后代选择器也称为包含选择器，用来选择特定元素或元素组的后代，将对父元素的选择放在前面，对子元素的选择放在后面，中间加一个空格分开。使用后代选择器实现图 1.10 效果。

图 1.10 后代选择器

为了实现图 1.10 的效果，新建 CORE0107.html，代码如 CORE0107 所示。

代码 CORE0107：后代选择器

```
<!doctype html>
<html>
<head>
<meta charset="utf-8">
<meta content="width=device-width, initial-scale=1.0, minimum-scale=1.0, maxi-
mum-scale=1.0,user-scalable=no" name="viewport" />
<meta name="format-detection" content="telephone=no"/>
<meta name="apple-mobile-web-app-status-bar-style" />
<title> 后代选择器 </title>
<style>
.father .child{
color:#c0c0c0;
}
</style>
</head>
<body>
<p class="father">
我是黑色
<label class="child"> 我是灰色
    <b> 我也是灰色 </b>
</label>
</p>
</body>
</html>
```

5　子选择器

子代选择器与后代选择器的区别在于：子选择器仅是指它的直接后代，而后代选择器是作用于所有子后代元素，子选择器是通过“>”进行选择。使用子选择器效果如图 1.11 所示。

http://192.168.2.116:8080

选择器 我是子选择器 我是后代选择器

按住 说话

图 1.11 子代选择器

为了实现图 1.11 的效果，新建 CORE0108.html，代码如 CORE0108 所示。

代码 CORE0108：子选择器

```
<!doctype html>
<html>
<head>
<meta charset="utf-8">
<meta content="width=device-width, initial-scale=1.0, minimum-scale=1.0, maximum-scale=1.0,user-scalable=no" name="viewport" />
<meta name="format-detection" content="telephone=no"/>
<meta name="apple-mobile-web-app-status-bar-style" />
<title> 子选择器 </title>
<style>
#links a {color:pick;}
#links > a {color:black;}
</style>
</head>
<body>
<p id="links">
<a> 选择器 </a>
<span><a href="#"> 我是子选择器 </a></span>
```

```
<span><a href="#"> 我是后代选择器 </a></span>
</p>
</body>
</html>
```

提示：子选择器（>）和后代选择器（空格）的区别：都表示“祖先 - 后代”的关系，但是 > 必须是“爸爸 > 儿子”，而空格不仅可以是“爸爸 > 儿子”，还能是“爷爷 > 儿子”“太爷爷 > 儿子”。

6　伪类选择器

有时候还会需要用文档以外的其他条件来应用元素的样式，比如鼠标悬停等。这时候就需要用到伪类了。使用伪类选择器实现图 1.12 效果。

为了实现图 1.12 的效果，新建 CORE0109.html，代码如 CORE0109 所示。

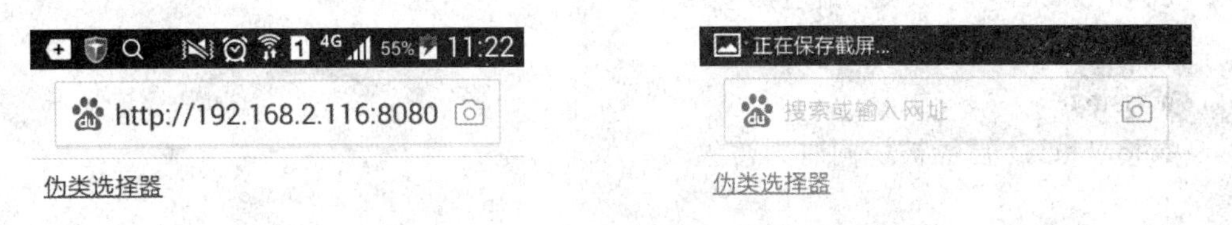

（a）　　　　（b）

图 1.12　伪类选择器访问时

代码 CORE0109：伪类选择器

```
<!doctype html>
<html>
<head>
<meta charset="utf-8">
<meta content="width=device-width, initial-scale=1.0, minimum-scale=1.0, maximum-scale=1.0,user-scalable=no" name="viewport" />
<meta name="format-detection" content="telephone=no"/>
<meta name="apple-mobile-web-app-status-bar-style" />
<title> 伪类选择器 </title>
<style type="text/css">
a:link{
color:black;/* 链接未点击时黑色 */
}
a:visited{
color:blue;/* 已经被访问时为蓝色 */
}
a:hover{
color:red;/* 鼠标悬停为红色 */
}
</style>
</head>
<body>
<a href="##"> 伪类选择器选择器 </a>
</body>
</html>
```

通过下面七个步骤的操作，实现图 1.2 所示的同程旅游界面的效果。

第一步：打开 Sublime Text2 软件。如图 1.13 所示。

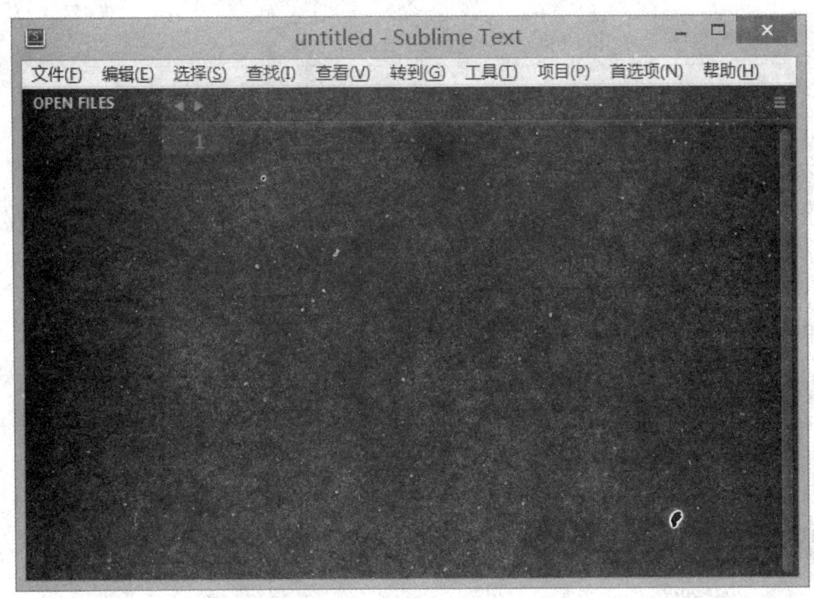

图 1.13　Sublime Text2 界面

第二步：点击创建并保存为 CORE0110.html 文件。

第三步：新建 state.css 文件，通过外联方式引入到 HTML 文件中。如图 1.14 所示。

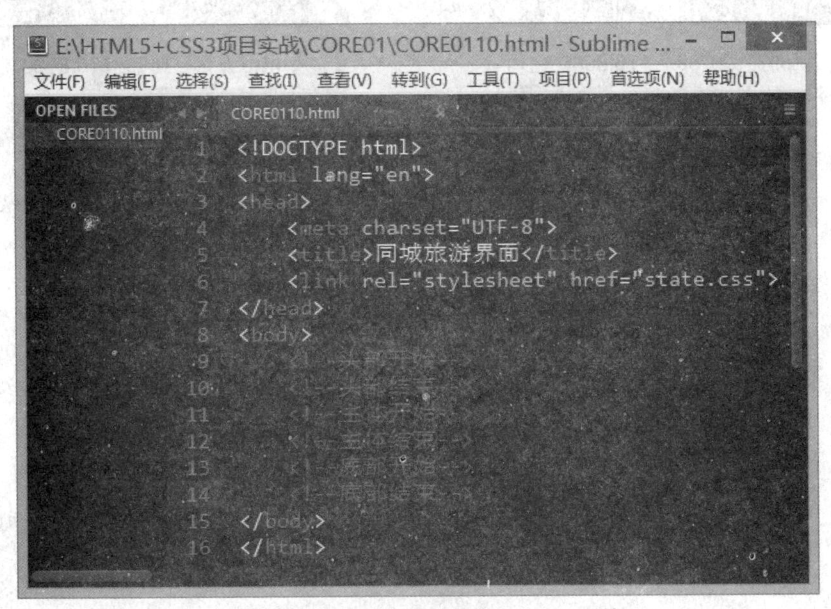

图 1.14　新建 HTML5 并引入 CSS 文件

第四步：在 <head> 里面添加 <meta> 标签，使网页适应手机屏幕宽度。代码如 CORE0110 所示。

代码 CORE0110:<meta> 标签

```
<meta content="width=device-width, initial-scale=1.0, minimum-scale=1.0, maxi-
mum-scale=1.0,user-scalable=no" name="viewport" />
<meta name="format-detection" content="telephone=no"/>
<meta name="apple-mobile-web-app-status-bar-style" />
```

第五步:头部制作。

头部为同程旅游的 logo,用 <img> 标签表示,代码 CORE0111 如下,效果如图 1.15 所示。

代码 CORE0111:头部 HTML 代码

```
<header>
<div class="img-item img-size">
<a href="##" ><img src="images/logo.gif" title=" 同城旅游 "></a>
</div>
</header>
```

设置头部样式代码 CORE0112 如下,效果如图 1.16 所示。

图 1.15　头部设置样式前

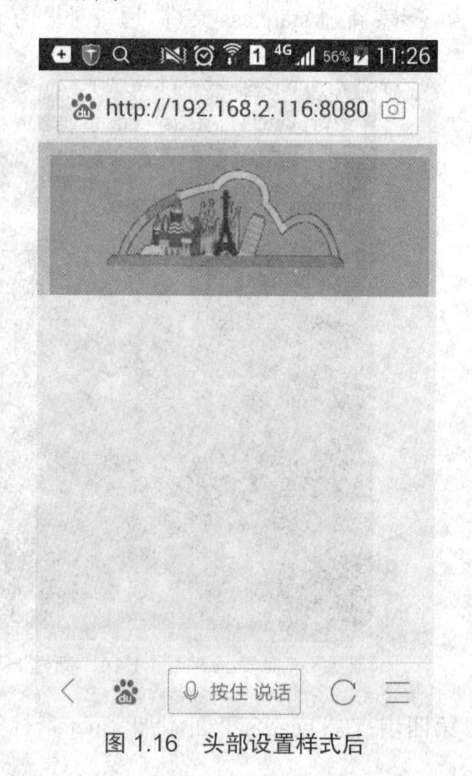

图 1.16　头部设置样式后

代码 CORE0112：头部 CSS 代码

```
 * {
     margin: 0px;/* 清除外边距 */
     padding: 0px;/* 清除内边距 */
}
 img {
     border: none
}
   .header{
     position:relative;
     min-width:50px;
     width:100%;
     background:#C6D9EC;
     overflow:hidden;
     }
   .img-item{
     height:100%;
     overflow:hidden;
     float:left;
     margin:10px 0px 0px;
     padding:0px;
   }
   .img-size{
     width:95%;
     height:110px;
     background-color:#0CC;
     margin-left:10px;
     margin-right:10px;
     }
```

第六步：主体部分制作。

主体部分包括各种图片的超链接，需要用到列表样式 <ul> 标签，代码 CORE0113 如下，效果如图 1.17 所示。

代码 CORE0113：主体 HTML 代码

```
<nav>
  <ul class="nav-list">
  <li class="nav-train" onClick="">
<h2> <a title=" 火车票 " rel="#" data-href=""> 火车票
</h2></li>
  <li class="nav-flight" onClick="">
<h2> <a title=" 飞机票 " rel="#" data-href=""> 飞机票
</h2></li>
  <li class="nav-car" onClick="">
<h2> <a title=" 用车 " rel="#" data-href=""> 用车
</h2></li>
  <li class="nav-hotel" onClick="">
<h2> <a title=" 酒店 " rel="#" data-href=""> 酒店
</h2></li>
<li class="nav-fortun" onClick=""><h2>
  <a href="" rel="#" title=" 财富中心 "> 财富中心 </a>
</h2>
</li>
<li class="nav-strategy" onClick="">
<h2><a title=" 攻略 " href="#" rel="#"> 攻略 </a></h2>
</li>
<li class="nav-trip" onClick="">
<h2><a title=" 旅游 " href="#" rel="#"> 旅游 </a></h2>
</li>
<li class="nav-ticket" onClick="">
<h2><a title=" 门票 " href="#" rel="#"> 门票 </a></h2>
</li>
<li class="nav-week" onClick="">
<h2><a title=" 周末游 " href="#" rel="#"> 周末游 </a></h2>
</li>
</ul>
</nav>
```

提示：关于列表样式的使用，我们将在项目四中进行详细的学习。

设置主体部分样式，主要设置列表的样式和图片的样式。代码 CORE0114 如下，效果如图 1.18 所示。

图 1.17 主体设置样式前

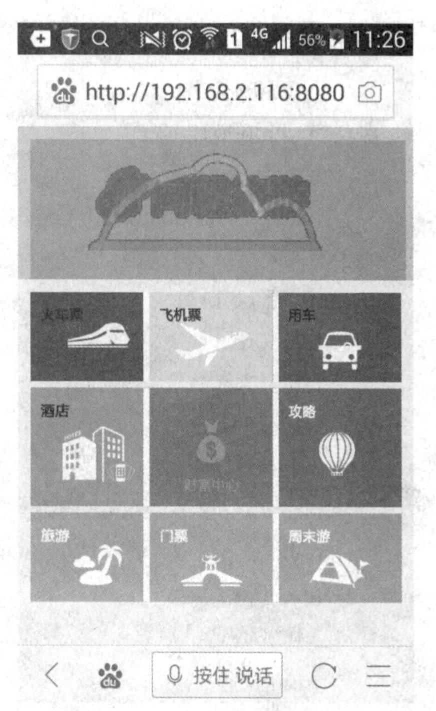

图 1.18 主体设置样式后

代码 CORE0114：主体 CSS 代码

```
/* 主体开始 */
    .nav-list{
      margin:10px 10px 5px 10px;
    }
    .nav-list:after{
      content: '\0020';
      display: block;
      clear: both;
      height: 0;
      overflow: hidden;
    }
    .nav-list li{
      position:relative;
      float:left;
      margin-bottom:5px;
      -webkit-box-sizing:border-box;
      -moz-box-sizing:border-box;
      -ms-box-sizing:border-box;}
    .nav-flight:before{
```

```
    top:24px;
    left:50%;
    width:60px;
    height:35px;
    background-position:0 0;
}
.nav-car:before{
    top:30px;
    left:50%;
    width:35px;
    height:31px;
    background-position:-130px 0;}
.nav-hotel:before{
    top:30px;
    left:60%;
    width:58px;
    height:44px;
    background-position:0 -40px;}
.nav-fortun:before{
    top:24px;
    left:50%;
    width:24px;
    height:35px;
    background-position:-60px -30px;}
.nav-strategy:before{
    top:34px;
    left:50%;
    width:34px;
    height:34px;
    background-position:-120px -80px;}
.nav-trip:before{
    top:25px;
    left:60%;
    width:40px;
    height:34px;
```

```
    background-position:0 -90px;}
  .nav-week:before{
    top:32px;
    left:50%;
    width:49px;
    height:26px;
    background-position:-50px -100px;
  }
  .nav-ticket:before{
    top:32px;
    left:50%;
    width:50px;
    height:26px;
    background-position:-65px -70px;
  }
```

第七步：尾部制作。

尾部主要为本站点的版权信息。代码如 CORE0115 所示，效果如图 1.19 所示。

代码 CORE0115：尾部 HTML 代码

```
<footer class="tool-box">
<div class="tool-cn">
<a href="tel:4000000000" class="link-tel">4000000000</a>
<a href="#" class="link-down"> 下载客户端 </a>
<a href="#" class="link-mc"> 我的同城 </a>
</div>
<div class="tool-ver">
<a href="#" class="computer"> 电脑版 </a>
<a href="#" class="wap"> 意见反馈 </a>
</div>
<p>&copy;<label id="label1">2016</label> 同城旅游 </p>
</footer>
```

图 1.19　底部设置样式前

设置尾部样式。代码 CORE0116 如下，效果如图 1.2 所示。

代码 CORE0116：尾部 CSS 代码

```
footer {
  line-height: 27px;
  text-align: center;
  font-size: 12px;
}
.tool-box {
  margin: 0 10px;
  padding-bottom: 5px;
}
.tool-cn {
  margin-bottom: 3px;
  padding: 8px 0;
  height: 24px;
  background-color:#CCC;
  line-height: 24px;
  text-align: center;
}
```

至此同城旅游界面就制作完成了。

【拓展目的】

熟悉并掌握使用 HTML5 新增标签和 CSS3 样式和选择器等技巧。

【拓展内容】

利用本任务介绍的技术和方法，制作天天动听界面。效果如图 1.20 所示。

图 1.20　天天动听播放页

【拓展步骤】

(1)设计思路。将网页分为三部分，头部为 logo 部分，主体为导航部分，底部为播放音乐的控件。

(2)HTML 部分代码如 CORE0117 所示。

代码 CORE0117：HTML 代码

```
<body>
<header>
<a href="##" target="_blank" class="download" ><span> 下载天天动听客户端 </span><i></i></a>
<div class="logo"></div>
```

```
</header>
<div class="header">
<div id="subTab" style="display: block;">
</div>
</div>
<!-- 主体内容 -->
<section id="content">
<ul id="rankUl">
<li>
<div class="more">&gt;&gt;</div>
<div class="listen"></div>
<div class="news"></div>
<div class="pic">
<img src="img/main-list.jpg"alt="" />
</div>
<div class="text"> 主打榜单 </div>
</li>
<li>
<div class="more">&gt;&gt;</div>
<div class="listen"></div>
<div class="news"></div>
<div class="pic">
<img src="img/Playlist selection.jpg"alt="" />
</div>
<div class="text"> 歌单精选 </div>
</li>
<li>
<div class="more">&gt;&gt;</div>
<div class="listen"></div>
<div class="news"></div>
<div class="pic">
<img src="img/Originalmusic.jpg"  alt="" />
</div>
<div class="text"> 原创音乐榜 </div>
</li>
```

```
</ul>
</section>
<div class="playwrap">
<div class="playercon" id="playercon">
<div class="img">
<img id="singerHead" src="img/play.jpg" />
</div>
<div class="info">
<div class="control">
<a id="lastButton" class="last" ></a>
<a id="playButton" class="play " ></a>
<a id="nextButton" class="next" ></a>
</div>
<div id="progressWrap">
<div id="progress" style="width: 92px;"></div>
</div>
</div>
</div>
</div>
</body>
```

（3）CSS 主要代码如 CORE0118 所示。

代码 CORE0118：CSS 主要代码

```
body {
        font-size:14px;
        font-family:Georgia, "Times New Roman", Times, serif;
        color: #737173;
        background:#F0F0F0;
}

ul {
        list-style: none
}
li:hover, li:active, li {
        outline: 0 none
}
```

```
header {
        width: 100%;
        z-index: 2;
        position: fixed;
        top: 0;
        left: 0;
        height: 45px;
        background-color: #fff;
}
```

本任务通过对同程旅游界面设计的学习，对 HTML5 的发展、优势、文档结构有初步了解，对 HTML5 新增的标签及属性有了初步认识，同时也掌握了 CSS3 选择器和自适应网站的相关概念。

html　网页文档
head　头文件
body　文件体
tfoot　表格的底部
CSS　层叠级联样式表
font　文字
color　颜色
background　背景
background-color　背景颜色

一、选择题

1. HTML 指的是（　　）。
（A）超文本标记语言
（B）家庭工具标记语言
（C）超链接和超文本标记语言

2. Web 标准的制定者是(　　)。
(A)微软公司
(B)万维网联盟(W3C)
(C)网景公司
3. 浏览器针对于 HTML 文档起到了(　　)作用。
(A)浏览器用于创建 HTML 文档
(B)浏览器用于展示 HTML 文档
(C)浏览器用于发送 HTML 文档
(D)浏览器用于修改 HTML 文档
4.(　　)标签用于表示 HTML 文档的开始和结束。
(A)BODY　　(B)HTML　　(C)TABLE　　(D)TITLE
5. 使用内联式样式表应该使用的引用标记是(　　)。
(A)<LINK>　　(B) HTML 标记　　(C)<style>　　(D)HEAD

二、上机题

HTML 编写符合以下要求的网页。
要求：
1. 标题为初识 HTML5 与 CSS3；
2. 内容为“欢迎选择本书学习”；
3. 通过外链的方式设置字体颜色为红色，字体为 30px，宋体。

项目二　百度导航界面设计

通过实现百度导航界面，学习 HTML5 与 CSS3 相关的文本标签、字体颜色以及弹性布局的使用。在任务实现过程中：

- 掌握 HTML5 中常用的文本标签；
- 掌握 CSS3 文本属性；
- 掌握 CSS 字体属性；
- 了解流式布局和弹性布局。

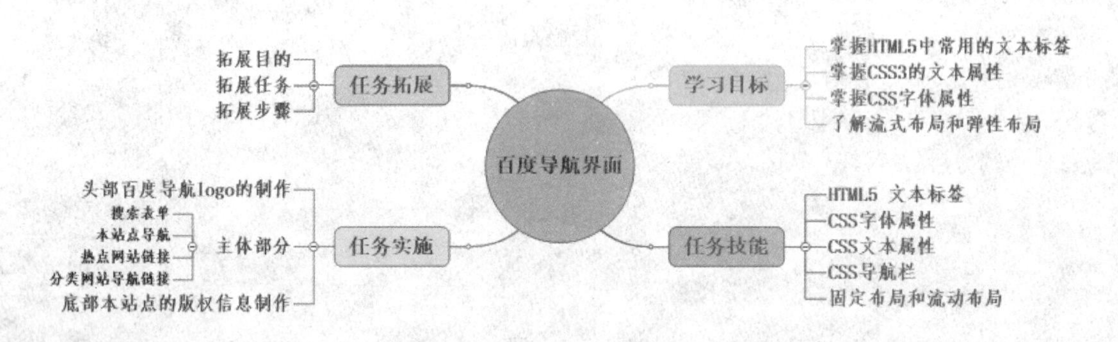

【情境导入】

百度导航是网络时代最受欢迎的导航之一，百度导航上的功能能够帮助人们解决所遇到的困难，同时百度导航除了搜索之外，还提供一系列的链接，为我们快速、准确的提供信息。本次任务主要是实现百度导航界面的设计。

【功能描述】

- 头部包括百度导航的 logo；
- 主体包括搜索表单、本站点导航、热点网站链接和分类网站导航链接；
- 底部包括本站点的版权信息。

【基本框架】

基本框架如图 2.1 所示。通过本任务的学习，能将框架图 2.1 转换成效果图 2.2。

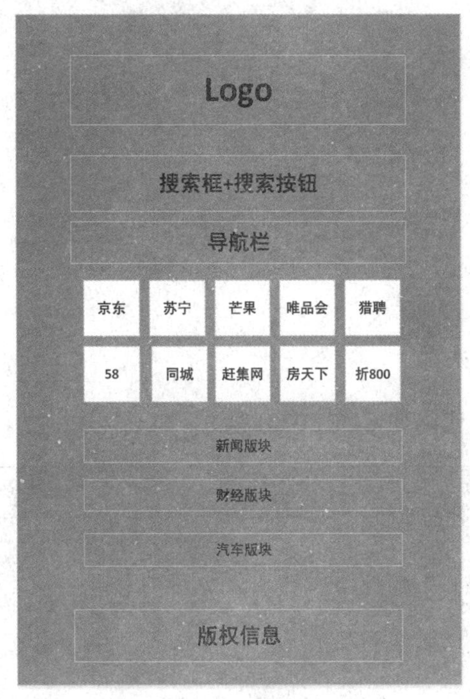

图 2.1　框架图

图 2.2　效果图

技能点 1　HTML5 文本标签

1　标题标签

标题一共有 6 级，分别用 h1 到 h6 表示，其中标题最大的为 h1，依次递减，h6 最小。标题文本默认是全部加粗。使用标题的效果如图 2.3 所示。

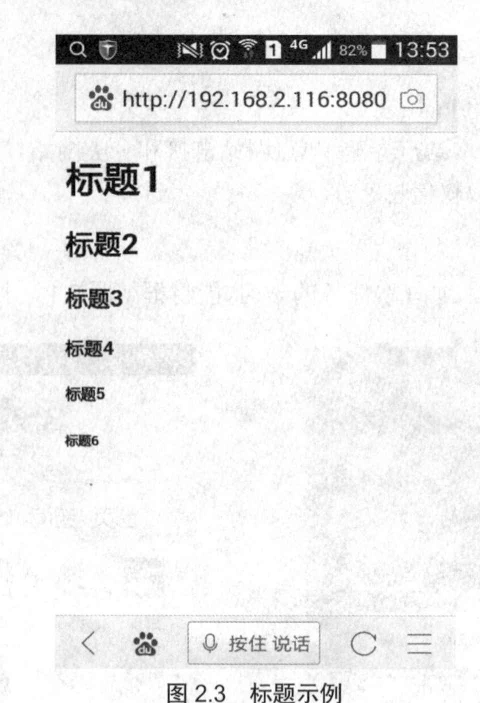

图 2.3 标题示例

为了实现图 2.3 的效果，新建 CORE0201.html，代码如 CORE0201 所示。

代码 CORE0201：标题标签的使用

```
<!doctype html>
<html>
<head>
<meta charset="utf-8">
<meta content="width=device-width, initial-scale=1.0, minimum-scale=1.0, maximum-scale=1.0,user-scalable=no" name="viewport" />
<meta name="format-detection" content="telephone=no"/>
<meta name="apple-mobile-web-app-status-bar-style" />
<title> 标题 </title>
</head>
<body>
<h1> 标题 1</h1>
<h2> 标题 2</h2>
<h3> 标题 3</h3>
<h4> 标题 4</h4>
<h5> 标题 5</h5>
<h6> 标题 6</h6>
</body>
</html>
```

2　段落标签

<p></p> 是段落标签，主要功能是定义网页中的文本内容，段落标签可以使文本段落上下边距加大。使用段落标签的效果如图 2.4 所示。

p是段落标签，主要功能是定义网页中的文本内容，段落标签可以使文本段落上下边距加大

图 2.4　段落标签示例

为了实现图 2.4 的效果，新建 CORE0202.html，代码如 CORE0202 所示。

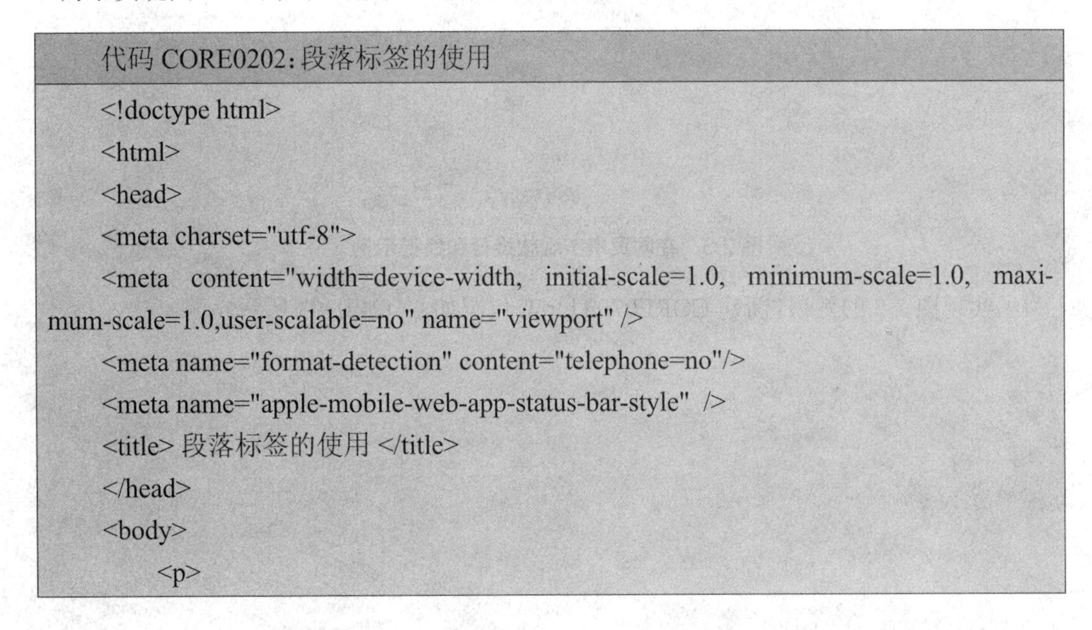

代码 CORE0202：段落标签的使用

```
<!doctype html>
<html>
<head>
<meta charset="utf-8">
<meta  content="width=device-width,  initial-scale=1.0,  minimum-scale=1.0,  maximum-scale=1.0,user-scalable=no" name="viewport" />
<meta name="format-detection" content="telephone=no"/>
<meta name="apple-mobile-web-app-status-bar-style"  />
<title> 段落标签的使用 </title>
</head>
<body>
    <p>
```

```
        p 是段落标签，主要功能是定义网页中的文本内容，段落标签可以使文本段落
上下边距加大
    </p>
    </body>
    </html>
```

3
 标签与 <wbr> 标签

-
 标签主要用于换行，使用该标签只能输入空行，不能分割段落。该标签是一个单标签，不能成对出现，没有结束符号。
- <wbr> 标签主要用于软换行，在文本中添加该标签时，当文本内容（中英文部分）在一行放不下时自动换行到下一行。

使用软换行和换行效果如图 2.5 所示。

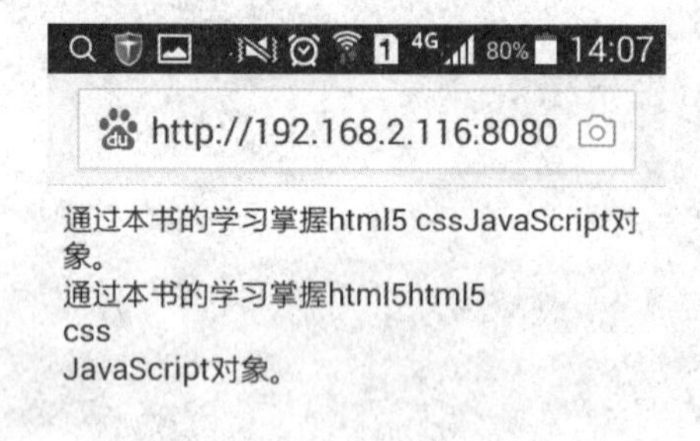

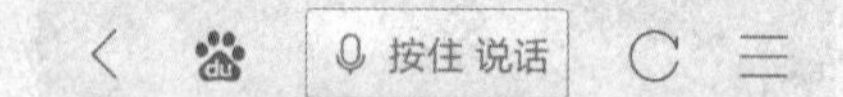

图 2.5 在网页中实现软换行和换行示例

为了实现图 2.5 的效果，新建 CORE0203.html，代码如 CORE0203 所示。

代码 CORE0203：换行标签和软换行标签的使用

```
<!doctype html>
<html>
<head>
<meta charset="utf-8">
<meta content="width=device-width, initial-scale=1.0, minimum-scale=1.0, maxi-
mum-scale=1.0,user-scalable=no" name="viewport" />
<meta name="format-detection" content="telephone=no"/>
<meta name="apple-mobile-web-app-status-bar-style" />
<title> 换行 </title>
</head>
<body>
<p>
通过本书的学习掌握 html5 <wbr>css<wbr>JavaScript 对象。    <br>
通过本书的学习掌握 html5html5 <br>css<br>JavaScript 对象。
</p>
</body>
</html>
```

4　<details> 标签与 <summary> 标签

<details> 标签是用户可以创建一个可折叠的控件，只显示想要的标题和文字，隐藏一些对标题或者文字描述的信息。<details> 标签一般与 <summary> 标签配合使用，显示的内容一般为 <summary> 标签的内容，如果点击了 <summary> 标签，则会显示出 <details> 标签中的内容。使用 details 标签的效果如图 2.6 所示。

为了实现图 2.6 的效果，新建 CORE0204.html，代码如 CORE0204 所示。

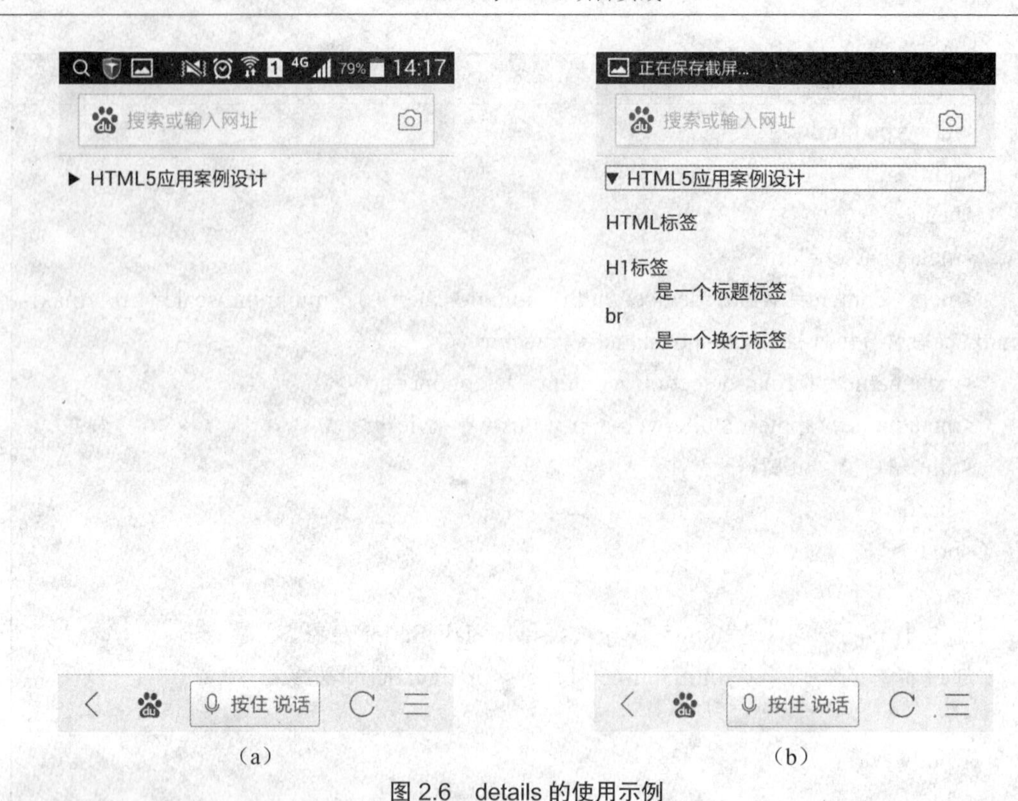

（a） （b）

图 2.6 details 的使用示例

代码 CORE0204：details 标签的使用

```
<!doctype html>
<html>
<head>
<meta charset="utf-8">
<meta content="width=device-width, initial-scale=1.0, minimum-scale=1.0, maximum-scale=1.0,user-scalable=no" name="viewport" />
<meta name="format-detection" content="telephone=no"/>
<meta name="apple-mobile-web-app-status-bar-style" />
<title>details</title>
</head>
<body>
<details>
<summary>HTML5 应用案例设计 </summary>
<p>HTML 标签 </p>
<dl>
<dt>H1 标签 </dt>
<dd> 是一个标题标签 </dd>
```

```
    <dt>br</dt>
    <dd> 是一个换行标签 </dd>
    </dl>
    </details>
    </body>
    </html>
```

<details> 标签是 HTML5 新增标签，浏览器对该标签的支持程度如图 2.7 所示。

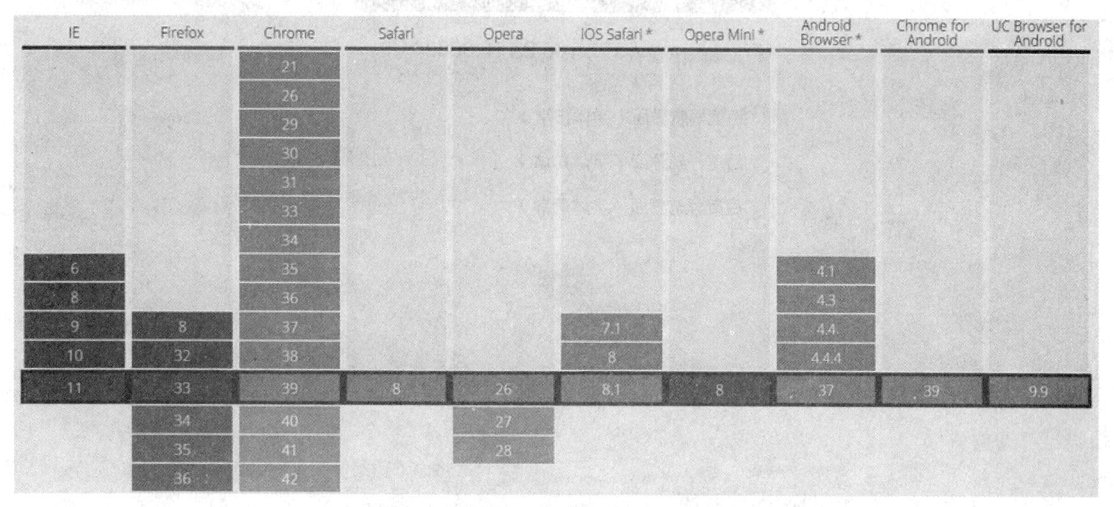

图 2.7　浏览器对 details 的支持程度

提示：想了解或学习 HTML5 标签，扫描图中二维码，获得更多信息。

HTML5 标签

技能点 2　CSS 字体属性

CSS 字体属性可以定义字体的大小、类型、风格（如斜体）和变形（如小型大写字母）。

1　字体类型

在 CSS 中，有两种不同类型的字体系列：

①通用字体类型：拥有相似外观的字体系统组合（例如“Sans-sarif”或“Cursive”）。

②特定字体类型：具体的字体系列（例如“Times”或“Courier”）。

2 字体风格

文本字体的设置用 font-style 属性，该属性有三个取值：normal（文本正常显示）、italic（文本斜体显示）、oblique（对于没有设计过斜体样式的文字强行用代码使其倾斜）。字体风格效果如图 2.8 所示。

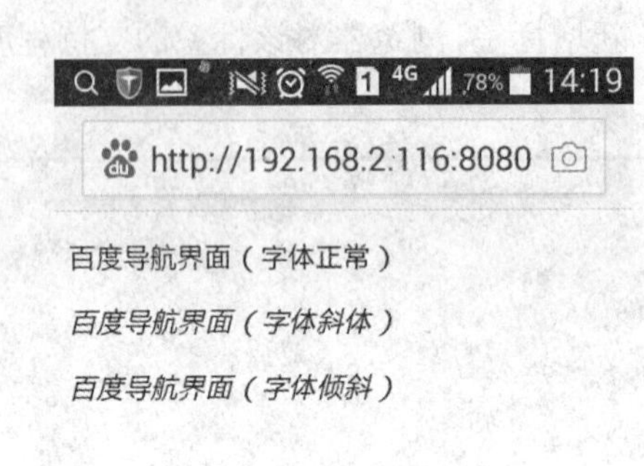

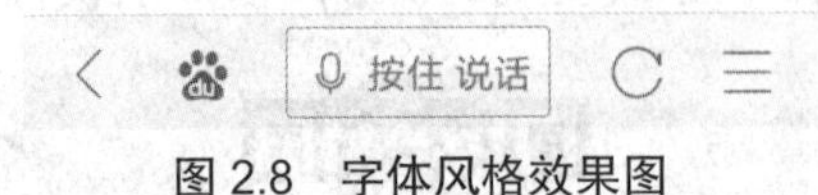

图 2.8 字体风格效果图

为了实现图 2.8 的效果，新建 CORE0205.html，代码如 CORE0205 所示。

代码 CORE0205：字体风格效果图

```
<!doctype html>
<html>
<head>
<meta charset="utf-8">
<meta content="width=device-width, initial-scale=1.0, minimum-scale=1.0, maximum-scale=1.0,user-scalable=no" name="viewport" />
<meta name="format-detection" content="telephone=no"/>
<meta name="apple-mobile-web-app-status-bar-style" />
<title> 字体风格效果图 </title>
<style type="text/css">
```

```
p.normal {font-style:normal;}
p.italic {font-style:italic;}
p.oblique {font-style:oblique;}
</style>
</head>
<body>
<p class="normal"> 百度导航界面(字体正常)</p>
<p class="italic"> 百度导航界面(字体斜体)</p>
<p class="oblique"> 百度导航界面(字体倾斜)</p>
</body>
</html>
```

3　字体变形

小型大写字母使用 font-variant 属性设置,小型大写字母即字母都是大写字母,但字体尺寸会比大写字母小。字体变形效果如图 2.9 所示。

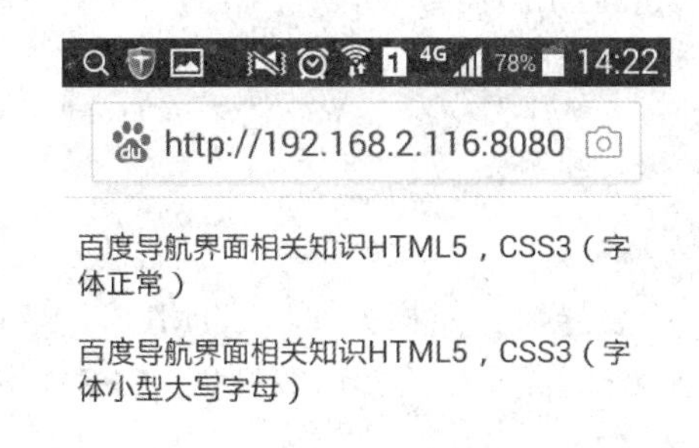

图 2.9　字体变形效果图

为了实现图 2.9 的效果,新建 CORE0206.html,代码如 CORE0206 所示。

代码 CORE0206: 字体变形

```
<!doctype html>
<html>
<head>
<meta charset="utf-8">
<meta content="width=device-width, initial-scale=1.0, minimum-scale=1.0, maximum-scale=1.0,user-scalable=no" name="viewport" />
<meta name="format-detection" content="telephone=no"/>
<meta name="apple-mobile-web-app-status-bar-style" />
<meta content="width=device-width, initial-scale=1.0, minimum-scale=1.0, maximum-scale=1.0,user-scalable=no" name="viewport" />
<meta name="format-detection" content="telephone=no"/>
<meta name="apple-mobile-web-app-status-bar-style" />
<title> 字体变形 </title>
<style type="text/css">
p.normal {font-variant: normal;}
p.small {font-variant: small-caps;}
</style>
</head>
<body>
    <p class="normal"> 百度导航界面相关知识 HTML5,CSS3(字体正常)</p>
    <p class="small"> 百度导航界面相关知识 HTML5,CSS3(字体小型大写字母)</p>
</body>
</html>
```

4 字体加粗

文本的粗细程度使用 font-weight 属性设置，该属性功能为字体设置一个加粗程度，用数字或 normal、bold、bolder 设置，一般设置字体粗度的值为 100~900，数字越大，字体越粗，在大多数浏览器中数字 400 相当于所写的 normal，700 相当于 bold。字体加粗效果如图 2.10 所示。

14:41

http://192.168.2.116:8080

百度导航界面（字体正常）

百度导航界面（字体加粗）

百度导航界面（字体字号为900）

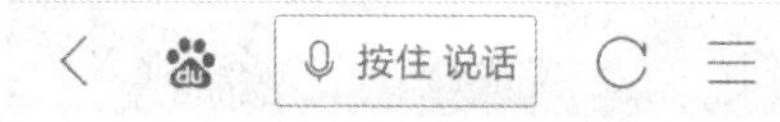

图 2.10　字体加粗效果图

为了实现图 2.10 的效果，新建 CORE0207.html，代码如 CORE0207 所示。

代码 CORE0207：字体加粗

```
<!doctype html>
<html>
<head>
<meta charset="utf-8">
<meta content="width=device-width, initial-scale=1.0, minimum-scale=1.0, maximum-scale=1.0,user-scalable=no" name="viewport" />
<meta name="format-detection" content="telephone=no"/>
<meta name="apple-mobile-web-app-status-bar-style" />
<title> 字体加粗 </title>
<style type="text/css">
p.normal {font-weight: normal}
p.thick {font-weight: bold}
p.thicker {font-weight: 900}
</style>
</head>
<body>
    <p class="normal"> 百度导航界面（字体正常）</p>
    <p class="thick"> 百度导航界面（字体加粗）</p>
```

```
    <p class="thicker"> 百度导航界面(字体字号为 900)</p>
</body>
</html>
```

5　字体大小

文本中字体的大小一般用 font-size 属性设置,可以用绝对值、相对值或 px、pt、em 来表示。使用 font-size 效果如图 2.11 所示

图 2.11　font-size 效果图

为了实现图 2.11 的效果,新建 CORE0208.html,代码如 CORE0208 所示。

代码 CORE0208:字体大小设置

```
<!doctype html>
<html>
<head>
<meta charset="utf-8">
<meta content="width=device-width, initial-scale=1.0, minimum-scale=1.0, maxi-
mum-scale=1.0,user-scalable=no" name="viewport" />
<meta name="format-detection" content="telephone=no"/>
<meta name="apple-mobile-web-app-status-bar-style" />
<title> 字体大小设置 </title>
```

```
<style type="text/css">
p.normal {font-size:25px;}
p.thick {font-size:25pt;}
</style>
</head>
<body>
  <p class="normal"> 百度导航界面 </p>
  <p class="thick"> 百度导航界面 </p>
</body>
</html>
```

提示:想了解或学习 CSS 字体,扫描图中二维码,获得更多信息。

CSS 字体

技能点 3　CSS 文本属性

1　文本对齐属性

text-align 属性用来设定文本的对齐方式。设置文本对齐的方式有以下四种：left（居左，缺省值）、right（居右）、center（居中）、justify（两端对齐）。使用文本对齐方式的效果如图 2.12 所示。

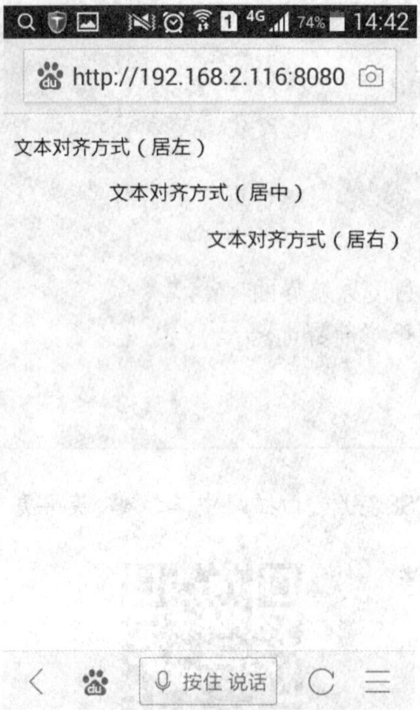

图 2.12　文本对齐方式效果示例

为了实现图 2.12 的效果，新建 CORE0209.html，代码如 CORE0209 所示。

代码 CORE0209：CSS 文本对齐方式代码

```
<!doctype html>
<html>
<head>
<meta charset="utf-8">
<meta content="width=device-width, initial-scale=1.0, minimum-scale=1.0, maximum-scale=1.0,user-scalable=no" name="viewport" />
<meta name="format-detection" content="telephone=no"/>
<meta name="apple-mobile-web-app-status-bar-style" />
<title> 文本对齐属性 text-align</title>
<style type="text/css">
.left{text-align:left}
.center {text-align:center}
.right{text-align:right}
</style>
</head>
<body>
<p class = "left"> 文本对齐方式（居左）</p>
<p class = "center"> 文本对齐方式（居中）</p>
```

```
<p class = "right"> 文本对齐方式(居右)</p>
</body>
</html>
```

2　文本水平对齐

文本水平对齐用 text-align 属性设置，该属性根据指定行与某一个点对齐进行设置块级元素文本的水平对齐方式。text-align 属性如表 2.1 所示。

表 2.1　text-align 属性

值	描述
left	表示文本排列到左边。默认值：由浏览器决定
right	表示文本排列到右边
center	表示文本排列到中间
justify	实现两端对齐文本效果
inherit	表示应该从父元素继承 text-align 属性的值

使用 text-align 的应用效果如图 2.13 所示。

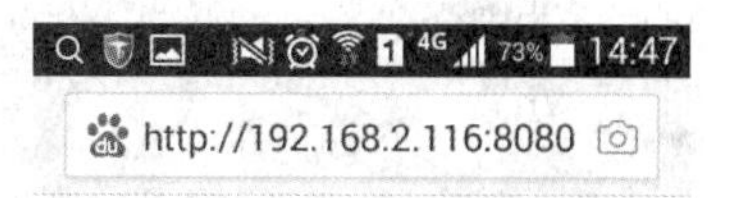

图 2.13　text-align 属性的应用效果

为了实现图 2.13 的效果，新建 CORE0210.html，代码如 CORE0210 所示。

代码 CORE0210：text-align 属性的使用

```
<!doctype html>
<html>
<head>
<meta charset="utf-8">
<meta content="width=device-width, initial-scale=1.0, minimum-scale=1.0, maximum-scale=1.0,user-scalable=no" name="viewport" />
<meta name="format-detection" content="telephone=no"/>
<meta name="apple-mobile-web-app-status-bar-style" />
<title> text-align 属性的使用 </title>
<style type="text/css">
h1 {text-align: center}
h2 {text-align: left}
h3 {text-align: right}
</style>
</head>
<body>
<h1> 百度导航界面居中对齐 </h1>
<h2> 百度导航界面居左对齐 </h2>
<h3> 百度导航界面居右对齐 </h3>
</body>
</html>
```

3 文本垂直对齐

文本垂直对齐用 vertical-align 属性设置，在该属性中，属性值可以是负数或者百分比的形式。在表格中，通常用这个属性来设置单元格内容的对齐方式。vertical-align 属性如表 2.2 所示。

表 2.2 vertical-align 属性

值	描述
baseline（基线）	表示将子元素的基线与父元素的基线相对齐。对于没有基线的元素，如图像或对象，则使它的底部与父元素的基线对齐
sub（下面）	表示将元素置于下方（下标），确切地说是使元素的基线对齐它的父元素首选的下标位置
super（上面）	表示将元素置于上方（上标），确切地说是使元素的基线对齐它的父元素首选的上标位置
text-top（文本顶部）	表示元素的顶部与其父元素最高字母的顶部相对齐

续表

值	描述
top（顶部）	表示元素的顶部与行中最高元素的顶端对齐
middle（中间）	表示元素垂直居中
bottom（底部）	表示元素的底部与行中最低元素的底部相对齐
text-bottom（文本底部）	表示元素的底部与其父元素字体的底部相对齐

使用 vertical-align 的效果如图 2.14 所示。

图 2.14　vertical-align 的使用效果

为了实现图 2.14 的效果，新建 CORE0211.html 文档，代码如 CORE0211 所示。

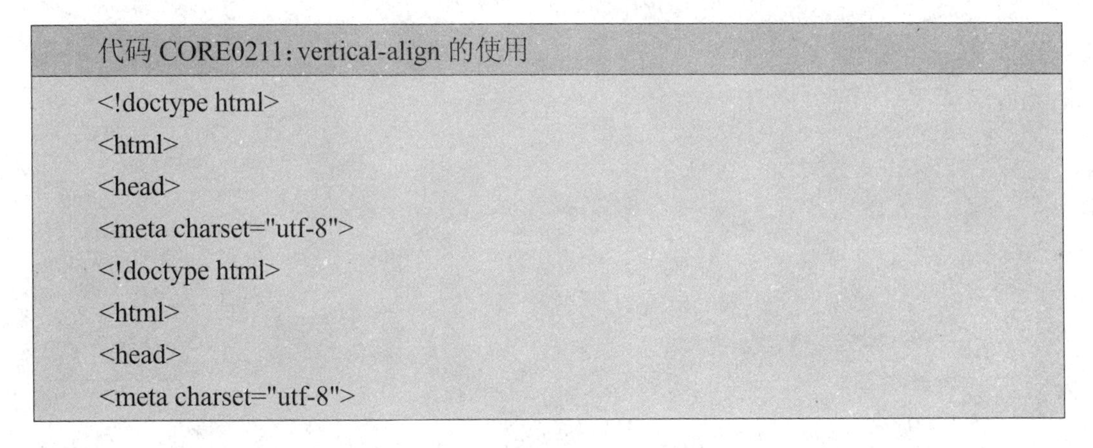
代码 CORE0211：vertical-align 的使用

```
<!doctype html>
<html>
<head>
<meta charset="utf-8">
<!doctype html>
<html>
<head>
<meta charset="utf-8">
```

```
<meta  content="width=device-width,  initial-scale=1.0,  minimum-scale=1.0,  maxi-
mum-scale=1.0,user-scalable=no" name="viewport" />
<meta name="format-detection" content="telephone=no"/>
<meta name="apple-mobile-web-app-status-bar-style"  />
<title> vertical-align 的使用 </title>
<style>
img {width:200px;height:200px;}
.img{ vertical-align:middle;}
td{ height:40px; vertical-align:middle;}
</style>
</head>
<body>
<div><img  class="img" src="logo.jpg"> 看看我的位置 </div>
<p> 在表格中应用 vertical-align 属性 </p>
<table>
  <tr>
<td> 百度导航界面 </td>
<td> 百度导航界面 </td>
</tr>
</table>
</body>
</html>
```

4 文本修饰属性

设置文本划线用 text-decoration 属性，有四种属性值：none（无，缺省值）、underline（下划线）、overline（上划线）、line-through（当中划线）。使用文本修饰属性效果如图 2.15 所示。

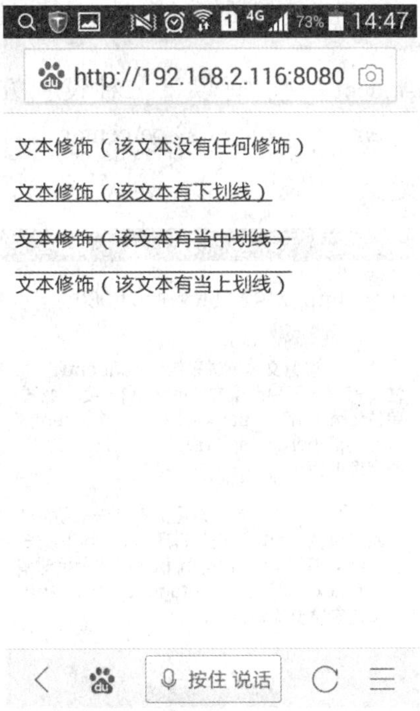

图 2.15　文本修饰属性效果图

为了实现图 2.15 的效果，新建 CORE0212.html，代码如 CORE0212 所示。

代码 CORE0212：文本修饰效果

```
<!doctype html>
<html>
<head>
<meta charset="utf-8">
<meta content="width=device-width, initial-scale=1.0, minimum-scale=1.0, maximum-scale=1.0,user-scalable=no" name="viewport" />
<meta name="format-detection" content="telephone=no"/>
<meta name="apple-mobile-web-app-status-bar-style" />
<title>text-decoration</title>
</head>
<body>
   <p style="text-decoration:none"> 文本修饰（该文本没有任何修饰）</p>
   <p style="text-decoration:underline"> 文本修饰（该文本有下划线）</p>
   <p style="text-decoration:line-through"> 文本修饰（该文本有当中划线）</p>
   <p style="text-decoration:overline"> 文本修饰（该文本有当上划线）</p>
</body>
</html>
```

5 文本缩进属性

设置文本缩进采用 text-indent 属性，有以下三种设置方式：length [长度，绝对单位（cm, mm, in, pt, pc）、相对单位（em, ex, px）] 或者 percentage（百分比，相当于父对象宽度的百分比）。使用文本缩进效果如图 2.16 所示。

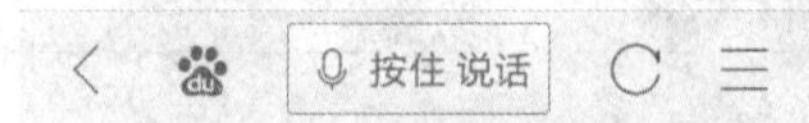

图 2.16 文本缩进效果图

为了实现图 2.16 的效果，新建 CORE0213.html，代码如 CORE0213 所示。

代码 CORE0213：文本缩进效果

```
<!doctype html>
<html>
<head>
<meta charset="utf-8">
<meta content="width=device-width, initial-scale=1.0, minimum-scale=1.0, maximum-scale=1.0,user-scalable=no" name="viewport" />
<meta name="format-detection" content="telephone=no"/>
<meta name="apple-mobile-web-app-status-bar-style" />
<title>text –indent 属性应用 </title>
</head>
<body>
```

```
    <p style="text-indent:4em;"> 设置文本缩进采用 text-indent 属性，有以下三种设置方式 length [ 长度，绝对单位 (cm, mm, in, pt, pc) 或者相对单位 (em, ex, px)]， percentage ( 百分比，相当于父对象宽度的百分比 )
    </p>
    <p style="text-indent:4cm;"> 设置文本缩进采用 text-indent 属性，有以下三种设置方式 length [ 长度，绝对单位 (cm, mm, in, pt, pc) 或者相对单位 (em, ex, px)]， percentage ( 百分比，相当于父对象宽度的百分比 )
    </p>
  </body>
  </html>
```

6　文本字符转换

文本的大小写用 text-transform 属性设置，有四种取值：none（默认值）、uppercase（大写）、lowercase（小写）和 capitalize（首字母大写）。默认值 none 对文本不做任何改动，将使用原文档中的原有大小写。使用文本字符转换效果如图 2.17 所示。

14:48
http://192.168.2.116:8080
该属性是将小写字母变成大写UPPERCASE
该属性是将大写字母变成小写lowercase

按住 说话

图 2.17　文本字符转换效果图

为了实现图 2.17 的效果，新建 CORE0214.html，代码如 CORE0214 所示。

代码 CORE0214: 文本字符转换效果

```
<!doctype html>
<html>
<head>
<meta charset="utf-8">
<meta content="width=device-width, initial-scale=1.0, minimum-scale=1.0, maximum-scale=1.0,user-scalable=no" name="viewport" />
<meta name="format-detection" content="telephone=no"/>
<meta name="apple-mobile-web-app-status-bar-style" />
<title> 文本字符转换效果 </title>
<style>
.uppercase{
  text-transform:uppercase;
}
.lowercase{
  text-transform:lowercase;
  }
</style>
</head>
<body>
  <p class="uppercase"> 该属性是将小写字母变成大写 uppercase </p>
  <p class="lowercase"> 该属性是将大写字母变成小写 lowercase </p>
</body>
</html>
```

7 文本阴影

设置文本的阴影用 text-shadow 属性，可设定垂直阴影、水平阴影、模糊距离以及阴影的颜色。使用文本阴影效果如图 2.18 所示。

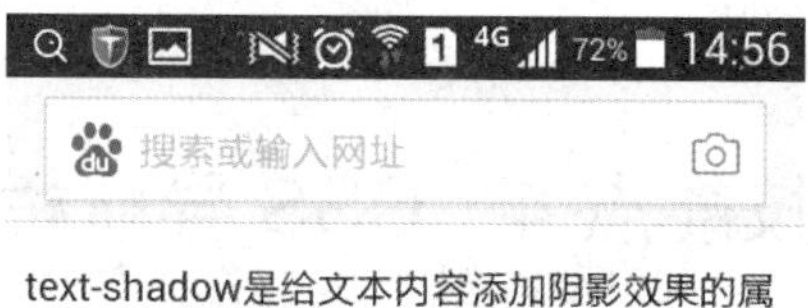
14:56
搜索或输入网址
text-shadow是给文本内容添加阴影效果的属性，规定文本垂直阴影10px、阴影的颜色为蓝色，水平阴影20px。

按住 说话

图 2.18　文本阴影效果图

为了实现图 2.18 的效果，新建 CORE0215.html，代码如 CORE0215 所示。

代码 CORE0215：文本阴影效果

```
<!doctype html>
<html>
<head>
<meta charset="utf-8">
<meta content="width=device-width, initial-scale=1.0, minimum-scale=1.0, maximum-scale=1.0,user-scalable=no" name="viewport" />
<meta name="format-detection" content="telephone=no"/>
<meta name="apple-mobile-web-app-status-bar-style" />
<title> 文本阴影效果 </title>
</head>
<body>
  <p style="text-shadow:10px 20px blue"> text-shadow 是给文本内容添加阴影效果的属性，规定文本垂直阴影 10px、阴影的颜色为蓝色，水平阴影 20px。</p>
</body>
</html>
```

技能点 4　CSS 导航栏

CSS 导航栏分为垂直导航栏和水平导航栏，用 <ul> 和 <li> 元素来设置。水平导航栏效果如图 2.19 所示。

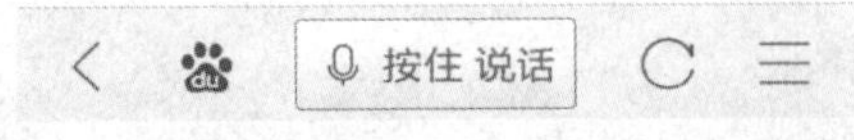

图 2.19　水平导航条效果

为了实现图 2.19 的效果，新建 CORE0216.html 文档，代码如 CORE0216 所示。

代码 CORE0216: 水平导航 HTML

```
<!doctype html>
<html>
<head>
<meta charset="utf-8">
<meta content="width=device-width, initial-scale=1.0, minimum-scale=1.0, maxi-
mum-scale=1.0,user-scalable=no" name="viewport" />
<meta name="format-detection" content="telephone=no"/>
<meta name="apple-mobile-web-app-status-bar-style" />
<title> 水平导航 </title>
```

```
</head>
<body>
<nav>
<ul>
<li><a href="##"> 导航 </a></li>
<li><a href="##"> 图片 </a></li>
<li><a href="##"> 视频 </a></li>
<li><a href="##"> 电影 </a></li>
<li><a href="##"> 娱乐 </a></li>
</ul>
</nav>
</body>
</html>
```

在浏览器中运行，看到效果如图 2.20 所示

图 2.20　导航无样式效果图

图 2.20 没有设置 CSS 样式，需在 CORE0217.html 中引入 CSS 样式，CSS 样式代码如 CORE0217 所示。

代码 CORE0217：水平导航 CSS

```
nav{
  width:99%;
  height:40px;
  margin:0px auto;/* 设置居中 */
  background-color:#dcdcdc;/* 设置导航背景颜色为绿色 */  }
  li{
    list-style-type: none;/* 设置列表样式为 none*/
    display: inline-block;/* 设置显示方式为 inline-block*/
    float:left;/* 设置浮动方式为左浮动 */
    margin:5px 10px;/* 设置上下间距为 5px，左右间距为 10px*/
    }
```

刷新界面，水平的导航栏已实现，要实现垂直导航栏只需改变 CSS 文件的样式。CSS 样式代码如 CORE0218 所示。

代码 CORE0218：垂直导航 CSS

```
li{
list-type:none;}
a
{
  display:block;
  width:100px;
}
```

提示：想了解或学习 CSS 文本，扫描图中二维码，获得更多信息。

CSS 文本

技能点 5　固定布局和流动布局

1　固定布局

在制作界面时自己设置的一个宽度（固定值）叫做固定宽度布局，比如说 980px。使用这种布局通常需要设置一个整个的 DIV 布局，通常里面各个模块的宽度也是固定的，不会根据整个界面的变换而变换，所以说不管是手机端还是在 PC 端，访问的界面的宽度都是一样的，所显示的信息也是不变的。

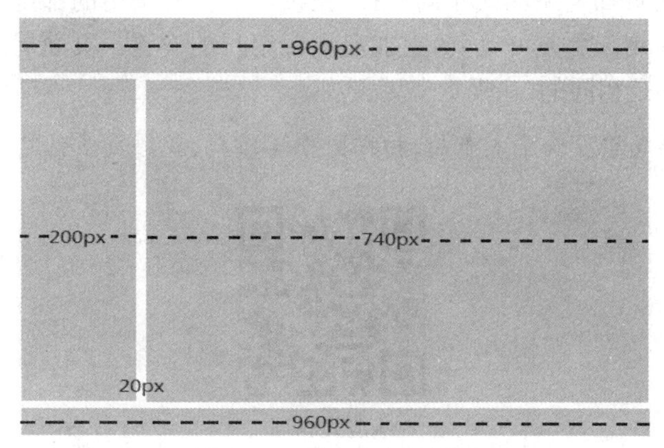

图 2.21　固定宽度示例图

图 2.21 展示的是一个固定宽度布局的基本轮廓。里面的两列分别是 200px 和 740px 宽度。960px 已经成为现代 Web 设计的标准，主要是大多数站点设置使用的屏幕分辨率为 1024×768。

在 HTML5 还未兴起时，一般情况下都是采用固定宽度布局。使用固定宽度布局的好处在于这种布局在设计界面时更方便简单，容易得到控制。所有的浏览器都支持这种布局。

2　流动布局

流动布局在设计页面时宽度和高度不再是固定值，而是采用百分比来设置的。

图 2.22 是一个简单流动布局的轮廓。在使用流动布局时主体的宽度要设置为百分比，里面的块布局可以是固定值或是百分比都可以，通常内边距和外边距都设置为固定值。

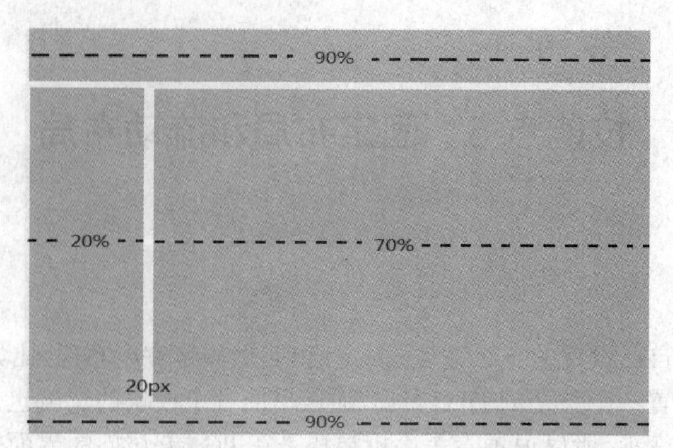

图 2.22　简单流动(流体)布局示例图

现如今主流的网页都是响应式布局网页,在设计网页时采用的都是百分比设置网页的宽度。流体布局页面对用户更友好,因为它能自适应用户的设置。页面周围的空白区域在所有分辨率和浏览器下都是相同的,在视觉上更美观。

提示:想了解或学习响应式布局,扫描图中二维码,获得更多信息。

响应式布局

通过下面 12 个步骤,实现图 2.2 所示的百度导航界面的效果。

第一步:打开 Sublime Text2 软件,如图 2.23 所示。

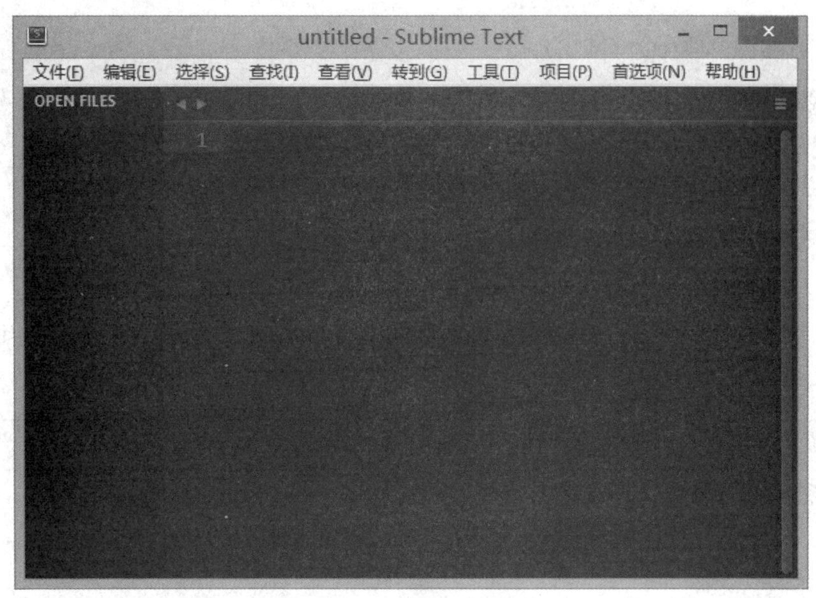

图 2.23　Sublime Text2 界面

第二步：点击创建并保存为 CORE0219.html 文件。

第三步：新建 phone.css 文件，通过外联方式引入 HTML 文件中，如图 2.24 所示。

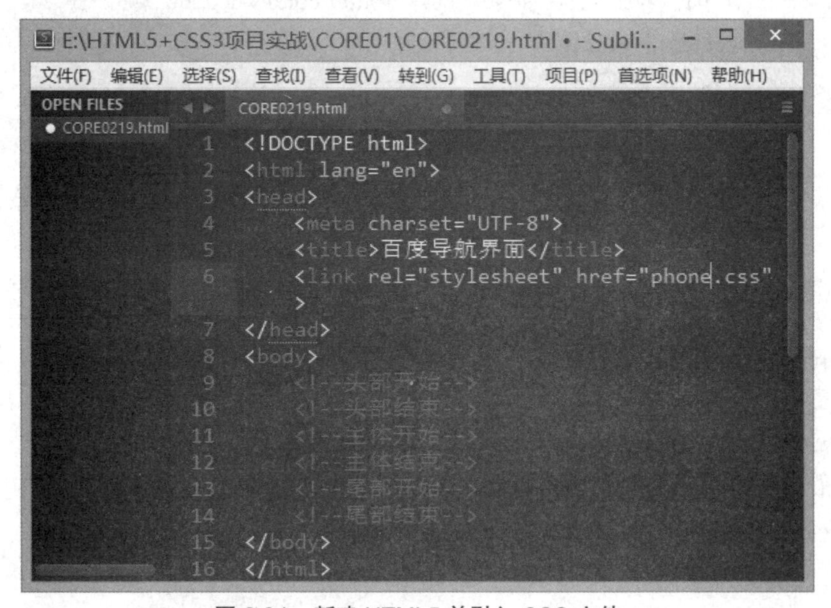

图 2.24　新建 HTML5 并引入 CSS 文件

第四步：在 <head> 里面添加 <meta> 标签，使网页适应手机屏幕宽度，代码如 CORE0219 所示。

代码 CORE0219：<meta> 标签

```
<meta content="width=device-width, initial-scale=1.0, minimum-scale=1.0, maxi-
mum-scale=1.0,user-scalable=no" name="viewport" />
<meta name="format-detection" content="telephone=no"/>
<meta name="apple-mobile-web-app-status-bar-style" />
```

第五步：头部制作。

我们来制作百度导航图头部，头部部分为百度的 logo、输入框和导航条，用 <img> 标签表示，代码如 CORE0220 所示。

代码 CORE0220：头部 HTML

```
<header >
        <center><img src="logo.png" class="img" class="hd">
          <center>
          <input size="23" id="inp_name" class="input_out"
                          type="text"/>   
        <input class="button orange" type="button" value=" 百度一下 " /><br><br>
          <nav class="foo" style="background-color:#dcdcdc;">
        <center> <a href="#"> 首页 </a>
        <a href="#"> 新闻 </a>
        <a href="#"> 体育 </a>
        <a href="#"> 娱乐 </a>
        <a href="#"> 导航 </a> </center>
        </nav>
</header>
```

添加内容后效果如图 2.25 所示。

第六步：修饰头部界面。

为了界面的美观我们需要把头部美化一下，首先调整 logo 的边距使其居中，然后美化一下输入框和按钮，最后是导航栏，使导航栏的文字居中，并给导航栏设置样式，代码 CORE0221 如下。效果如图 2.26 所示。

图 2.25　头部设置样式前

图 2.26　头部设置样式后

代码 CORE0221：头部 CSS 文件

```
// 头部样式
header{
    position: relative;/* 定位方式为相对定位 */
    overflow: hidden;
    z-index: 30;
    height: 49px;
    -webkit-box-shadow: 0 2px 4px rgba(0,0,0,0.3); /* 边框阴影 */
    box-shadow: 0 2px 4px rgba(0,0,0,0.3); /* 边框阴影 */
}
header img{
    height:49px;
    float: left;/* 左浮动 */
}
header h1 {
```

```
        line-height:40px;
        font-size: 22px;
        text-align: center;  /* 字体居中 */
        }
        .img{
                margin-top:30px;
                margin-left:80px;
            }
        // 导航样式
        nav.foo {
            font-size: 24px;
            margin-bottom: 10px;
            background-image: -webkit-gradient(linear,0 0,0 100%,from(#fff),to(#dcdcdc));
            background-image: linear-gradient(top,#434343,#404040)
        }

        nav.foo a {
            color: #000;
            line-height: 25px;
            margin: 0 3px;
        }
        // 输入框样式
        body,input,button,textarea,select {
            font-family: Helvetica;
            font: normal 14px/1.5 "Arial";
            color: #333;
            -webkit-text-size-adjust: none
        }
        input[type="text"],input[type="password"],input[type="button"],input[type="sub-
mit"],button,textarea {
            -webkit-appearance: none;
        }
        .input_out{
        /*height:16px; 默认高度 */
        padding:2px 8px 0pt 3px;
        height:25px;
        border:1px solid #CCC;
        background-color:#FFF;
```

```
    margin-top:10px;
  }
  // 按钮样式
  .button {
  text-align: center;
  font: 14px/100% Arial, Helvetica, sans-serif;
  padding: .5em 2em .55em;
  -webkit-border-radius: .5em;
  -webkit-box-shadow: 0 1px 2px rgba(0,0,0,.2);
  -moz-box-shadow: 0 1px 2px rgba(0,0,0,.2);
  box-shadow: 0 1px 2px rgba(0,0,0,.2);
  }
```

第七步：主体热点网站链接的制作。

我们采用无序列表来制作热点网站链接，图片使用 <img> 标签，热点网站的名称采用 <li> 标签。代码 CORE0222 如下，效果如图 2.27 所示。

第八步：修饰热点网站链接。

设置 a 元素的链接样式、已访问链接样式，并美化链接样式，代码 CORE0223 如下，效果如图 2.28 所示。

图 2.27　热点网站未设置样式

图 2.28　热点网站设置样式效果

代码 CORE0222：热点网站链接 HTML

```
<section class="common_block famous">
<ul >
<li> <a href="##" class="fbaidu">
<img src="core2-1/baidu.png" width="32" height="32"><br> 京东 </a> </li>
<li> <a href="##" class="fwangyi">
<img src="core2-1/fwangyi.png" width="32" height="32"><br> 苏宁 </a> </li>
<li> <a href="##" class="fsina">
<img src="core2-1/fsina.png" width="32" height="32"><br> 芒果 </a> </li>
<li> <a href="##" class="ftaobao">
<img src="core2-1/ftaobao.png" width="32" height="32"><br> 唯品会 </a> </li>
<li> <a href="##" class="ftianmao">
<img src="core2-1/ftianmao.png" width="32" height="32"><br> 猎聘 </a> </li>
<li> <a href="##" class="fhr">
<img src="core2-1/f58.png" width="32" height="32"><br>58</a> </li>
<li> <a href="##" class="ftrip">
<img src=" core2-1/ftrip.png" width="32" height="32"><br> 同程 </a> </li>
<li> <a href="##" class="fvip">
<img src=" core2-1/fshop.png" width="32" height="32"><br> 赶集网 </a> </li>
<li> <a href="##" class="fzhe">
<img src=" core2-1/hotel.png" width="32" height="32"><br> 房天下 </a> </li>
<li> <a href="##" class="fzhe">
<img src=" core2-1/800.png" width="32" height="32"><br> 折 800</a> </li>
<li> <a href="##" class="fbaidu">
<img src="core2-1/baidu.png" width="32" height="32"><br> 京东 </a> </li>
<li> <a href="##" class="fwangyi">
<img src="core2-1/fwangyi.png" width="32" height="32"><br> 苏宁 </a> </li>
</ul>
</section>
```

代码 CORE0223：热点网站样式

```
a,a:visited {
    color: #333;
    text-decoration:none;
}
.common_block {
    margin: 0px auto;
    width: 110%;
}
.famous li {
    width: 19%;
    float: left;
    height: 70px;
    line-height: 35px;
    background: #fff;
    text-align:left;
    margin:0 auto;
    margin-top:5px;
    border-bottom: 1px solid #d6d6d6;
}
ul,ol,li {
    list-style: none
}
center_nav{
    margin: 0px auto;/* 居中对齐 */
    width: 96%;/* 宽度 */
    }
.center_nav li{
    list-style:none;
    width: 16.67%;
    float: left;/* 左浮动 */
    height: 90px;/* 高度 90px*/
    line-height: 35px;
    background: #fff;
    text-align:center;/* 文字居中 */
    margin:0 auto;
```

```
        margin-left:8px;
        }
    .center_nav li img{
        width:32px;
        height:32px;
        margin-top:5px;}
```

第九步：底部网站信息。

我们同样采用无序列表来制作网站分类导航的链接，分类导航链接使用 <li> 标签。代码 CORE0224 如下，效果如图 2.29 所示。

代码 CORE0224：分类导航链接 HTML

```
. <div class="nav-urls">
<ul class="urls">
<li class="url sort"><a href="##" class="btn"><b>&middot; 新闻 </b></a></li>
<li class="url"> <a href="#" class="btn"><b> 房产资讯 </b></a> </li>
<li class="url"> <a href="#" class="btn"><b> 新浪 </b></a> </li>
<li class="url"> <a href="#" class="btn"><b> 网易 </b></a> </li>
<li class="url"> <a href="#" class="btn"><b> 腾讯 </b></a> </li>
</ul>
<ul class="urls">
<li class="url sort"><a href="#" class="btn"><b>&middot; 财经 </b></a></li>
<li class="url"> <a href="#" class="btn"><b> 东方 </b></a> </li>
<li class="url"> <a href="#" class="btn"><b> 和讯 </b></a> </li>
<li class="url"> <a href="#" class="btn"><b> 新浪 </b></a> </li>
<li class="url"> <a href="#" class="btn"><b> 凤凰 </b></a> </li>
</ul>
<ul class="urls">
<li class="url sort"><a href="#" class="btn"><b>&middot; 汽车 </b></a></li>
<li class="url"><a href="#" class="btn"><b> 二手车 </b></a></li>
<li class="url"><a href="#" class="btn"><b> 新浪汽车 </b></a></li>
<li class="url"><a href="#" class="btn"><b> 汽车之家 </b></a></li>
<li class="url"><a href="#" class="btn"><b> 太平洋 </b></a></li>
</ul>
</div>
```

第十步：修饰底部网站信息。

取消无序列表默认的无序符号，并且用 float 属性设置导航栏左浮动，设置无序列表中文字的大小，颜色和边框，代码 CORE0225 如下，产生的样式效果如图 2.30 所示。

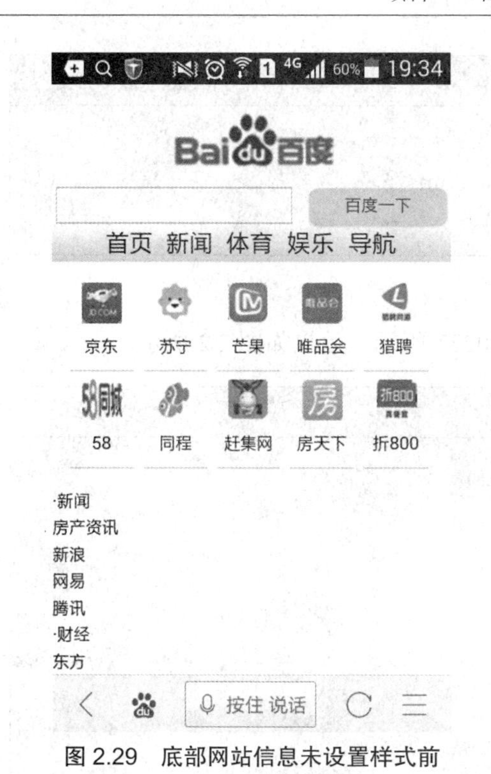

图 2.29　底部网站信息未设置样式前

图 2.30　底部网站信息设置样式后

代码 CORE0225：分类导航链接设置样式 CSS

```
.nav-urls ul li{
    float: left;/* 设为左浮动 */
    text-align: center;/* 文本居中 */
    display: block;/* 显示方式为块模式 */
    font-size: 12px;/* 字体大小 */
    width: 20%;
    line-height: 45px;
    boder-left:5px;
    border-right: 5px;
    border-bottom: 1px solid #000;/* 边框样式 */
    }
.nav-urls .sort a {
    color: #999;  border-left: 0;
    -webkit-tap-highlight-color: rgba(0,0,0,0)
}
```

第十一步：底部版权信息制作。

版权信息内容为 Copyright　2016 baidu.com，该内容为一个段落，使用段落标签，代码 CORE0226 所示。

代码 CORE0226：底部 HTML

```
<footer class="site">
<p class="cop">Copyright &copy; 2016 baidu.com</p>
</footer>
```

第十二步：修饰底部版权信息。

设置版权信息的字体大小颜色，代码如 CORE0227 所示。效果如图 2.2 所示。

代码 CORE0227：底部 CSS

```
footer.site .inf {
    font-size: 16px;
    color: #333;
    margin: 0 0 5px
}
footer.site .cop {
    color: #666;
    font-size: 11.5px
}
```

至此，百度导航界面就制作完成了。

【拓展目的】

熟悉并掌握使用 HTML5 文本和 CSS3 字体，颜色等设置的技巧。

【拓展内容】

利用本次任务介绍的技术和方法，制作百度新闻界面，效果如图 2.31 所示。

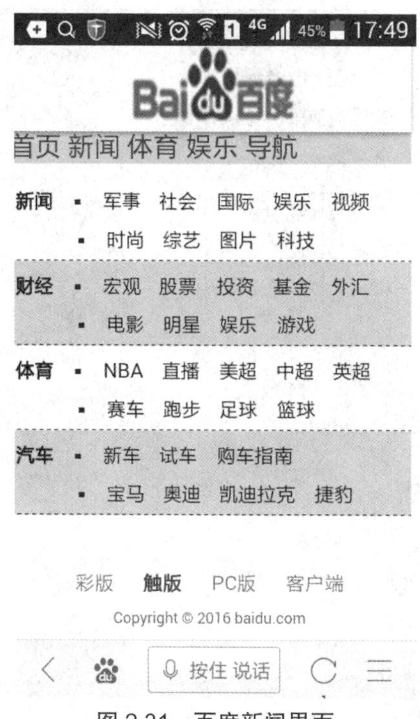

图 2.31　百度新闻界面

【拓展步骤】

(1)设计思路。将网页分为三部分,头部为 logo 和导航部分,中间和底部是无序列表制作的导航条,导航条的字体颜色,大小不同。

(2)HTML 部分代码如 CORE0228 所示。

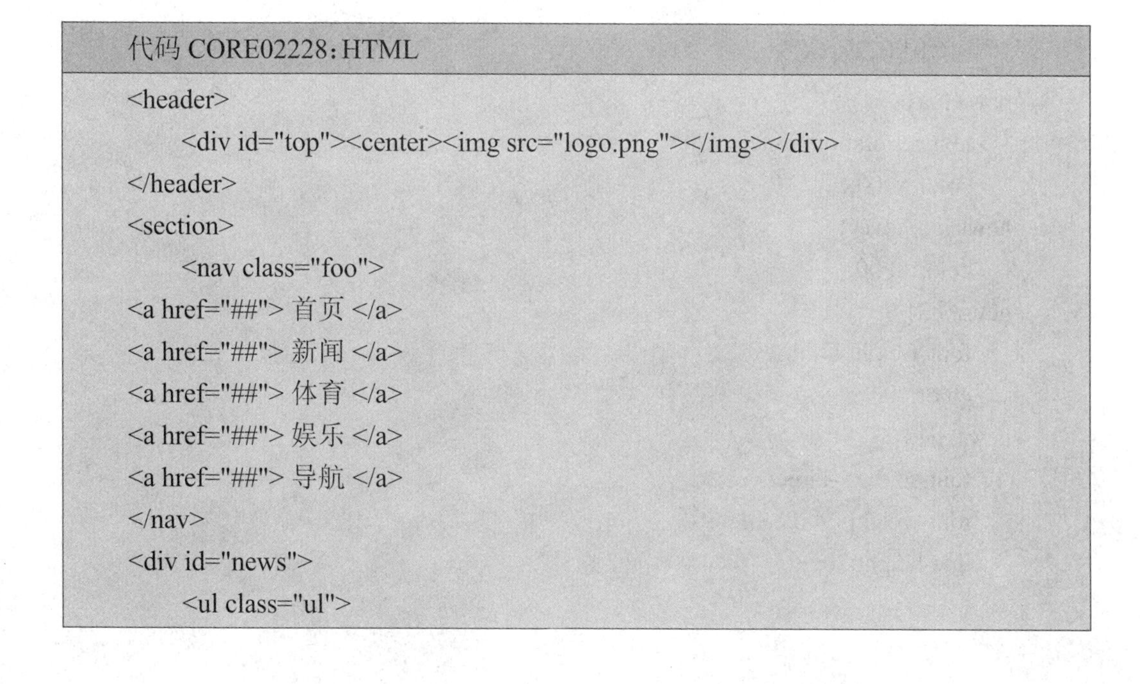

代码 CORE02228:HTML

```
<header>
    <div id="top"><center><img src="logo.png"></img></div>
</header>
<section>
    <nav class="foo">
<a href="##"> 首页 </a>
<a href="##"> 新闻 </a>
<a href="##"> 体育 </a>
<a href="##"> 娱乐 </a>
<a href="##"> 导航 </a>
</nav>
<div id="news">
    <ul class="ul">
```

```
        <li class="h3"><a href="##"> 新闻 </a></li>
<li class="lii"><a href="##">&middot;</a></li>
<li class="li"><a href="##"> 军事 </a></li>
<li class="li"><a href="##"> 社会 </a></li>
<li class="li"><a href="##"> 国际 </a></li>
<li class="li"><a href="##"> 娱乐 </a></li>
<li class="li"><a href="##"> 视频 </a></li>
</ul>
</div>
<!--footer-->
<footer class="site">
<br><br><div class="func">
<a href="##"> 彩版 </a>
<b class="on"> 触版 </b>
<a href="##">PC 版 </a>
<a href="##"> 客户端 </a>
</div>
<p class="cop">Copyright &copy; 2016 baidu.com</p>
</footer>
                <!--footer-->
```

（3）CSS 主要代码如 CORE0229 所示。

```
代码 CORE0229：CSS
#news li a{
      text-decoration:none;
      color:#000;}
#news li a:hover{
      color:#F00;}
#news .h3{
      font-weight:bold;
      color:#00F;}
#news .li{
      font-size: xx-large;
      font-weight: 900;
      line-height:20px;
      }
```

本次任务通过对新闻网站导航网页和文本新闻网页设计的探析和练习，重点熟悉 HTML5 中常用的文本标签、CSS 文本属性、字体属性、颜色值及颜色表示方法、CSS 链接属性等，学会了网页元素的水平对齐、CSS 导航栏的设计，学会了新闻网页和导航网页的设计方法。了解流式布局和弹性布局的优点和缺点，了解 CSS 框架的原理，为以后我们制作响应式网站打好基础。

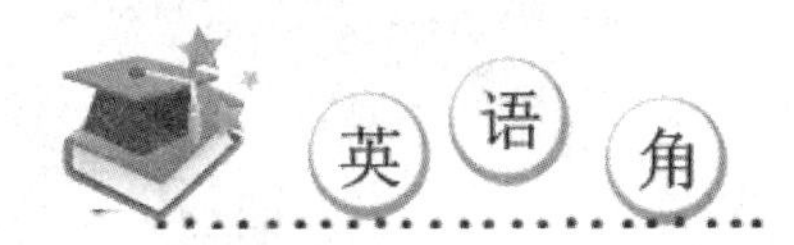

width　宽度
height　高度
margin　外边距
padding　内边距
border　边框
float　浮动
left　左
right　右
position　定位

一、选择题

1. 下面哪个属性不是文本的标签属性？（　　）

（A）nbsp　　（B）align　　（C）color　　（D）face

2. 关于文本对齐，源代码设置不正确的一项是（　　）。

（A）居中对齐 <div align="middle">...</div>

（B）居右对齐 <div align="right">...</div>

（C）居左对齐 <div align="left">...</div>

（D）两端对齐 <div align="justify">...</div>

3. Web 安全色所能够显示的颜色种类为（　　）。

（A）216 色　　（B）256 色　　（C）千万种颜色　　（D）1500 种色

4. CSS 样式表不可能实现（　　）功能。

（A）将格式和结构分离　　（B）一个 CSS 文件控制多个网页

（C）控制图片的精确位置　　（D）兼容所有的浏览器

5. 以下标记符中没有对应的结束标记的是(　　)。

(A)<body>　　(B)
　　(C)<html>　　(D)<title>

二、上机操作

通过本任务所学知识,设计一个带有导航条的页面(素材自己选)。

项目三　去哪儿旅游主界面设计

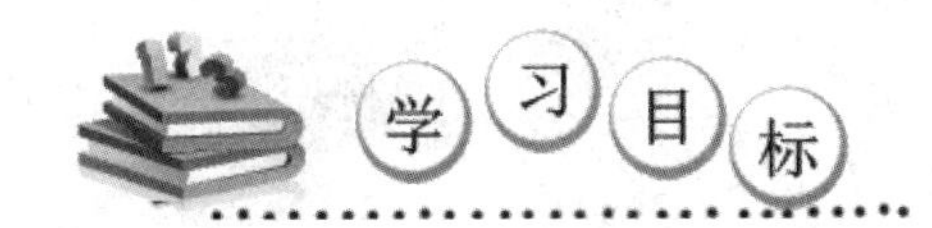

通过实现去哪儿旅游主界面，学习 HTML5 图像相关标签以及 CSS3 图像相关属性，了解和掌握 HTML5 和 CSS3 图像标签在实战中的应用。在任务实现过程中：

- 掌握 HTML5 图像标签的使用；
- 掌握 CSS3 页面背景图像的设置；
- 掌握 CSS3 新增边框属性。

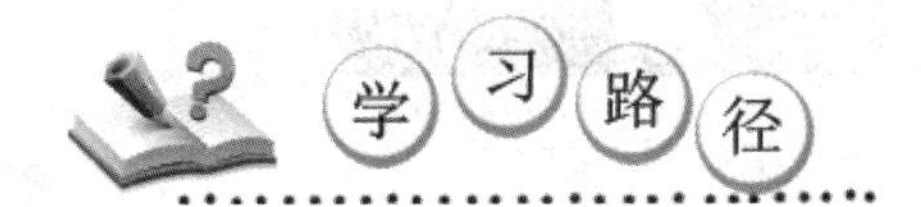

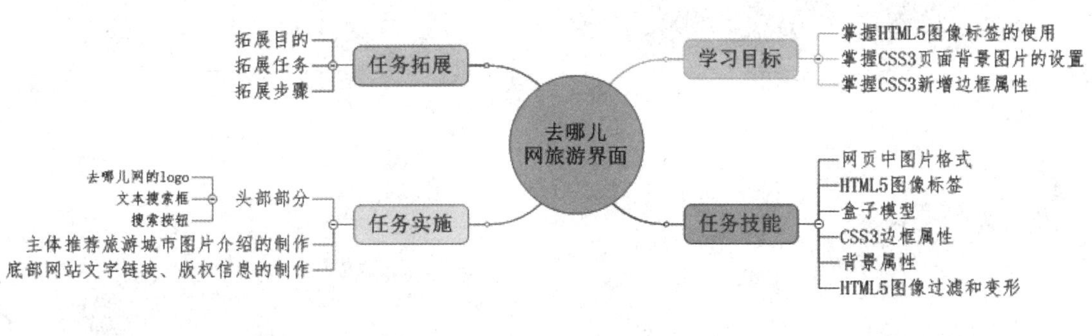

【情境导入】

在这个信息化的时代，人们现在更多的是利用图片来表达信息，那么在网页编辑时图片的美化和布局是非常重要的，我们需要在表达自己想要表达的信息的同时还要考虑界面的美观，能够让用户在了解信息的同时还要满足用户的视觉享受。本次任务主要是实现去哪儿旅游主界面设计。

【功能描述】

- 头部包括去哪儿旅游网站的 logo、文本搜索框和搜索按钮；

- 主体包括推荐旅游城市的图片介绍；
- 底部包括网站的文字超链接和站点的版权信息。

【基本框架】

基本框架如图 3.1 所示。通过对本次任务的学习，能将框架图 3.1 转换成效果图 3.2。

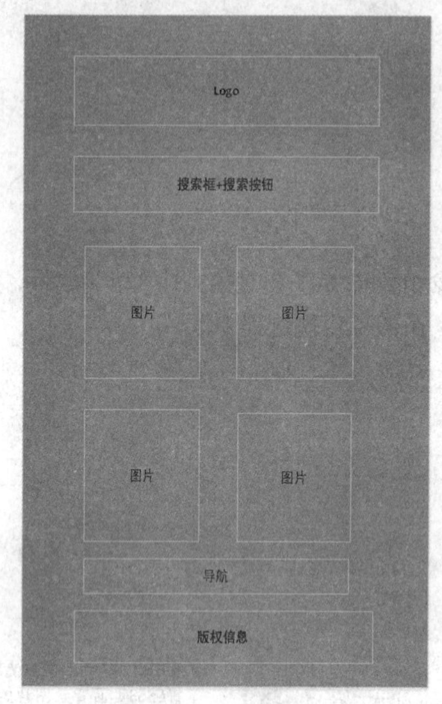

图 3.1　框架图

图 3.2　效果图

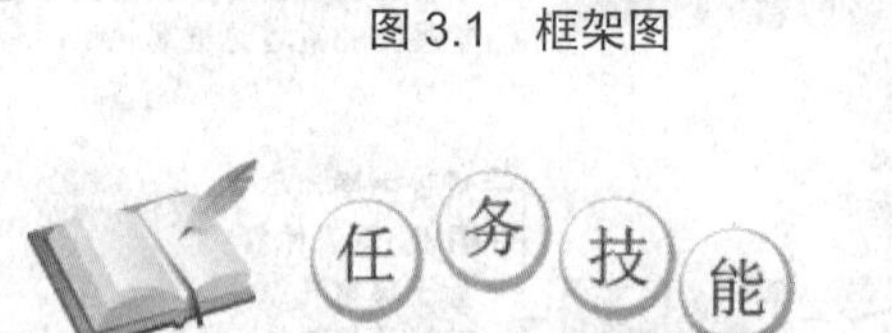

技能点 1　网页中图片格式

在网页中添加图片时，图片的格式与代码中图片的格式必须一致，所以我们需要对图片的格式有一定的了解。在网页中主要使用以下几种图片格式：JPG、PNG、GIF、BMP、PCX、TIFF。其中使用最广泛的图片格式为：JPG、PNG、GIF。

技能点 2　HTML5 图像标签

1　<img> 标签

<img> 是添加图片的标签，在 HTML5 中添加图片的基本格式为：<img src=" 文件夹名称 / 图片名称 .jpg">。<img> 标签可以成对出现也可以写成 <img scr="#"/>，在网页编写中 <img> 标签主要用于添加网站 logo 和添加网站信息介绍的图片，<img> 标签的属性如表 3.1 所示。

表 3.1　img 属性表

属性	值	描述
alt	text	定义有关图形的描述
src	url	要显示的图像的 url
height	pixels	定义图像的高度
ismap	url	把图像定义为服务器端的图像映射
usemap	url	将图像定义为客户器端图像映射。
vspace	pixels	定义图像顶部和底部的空白
width	pixles	设置图像的宽度

如图 3.3 所示的效果是配置一张名为 logo.jpg 的图片，图片在 CORE0301.html 项目的根目录下面。

图 3.3　img 标签的应用示例

为了实现图 3.3 的效果，新建 CORE0301.html，代码如 CORE0301 所示。

代码 CORE0301：<img> 标签的使用

```
<!doctype html>
<html>
<head>
<meta charset="utf-8">
<meta content="width=device-width, initial-scale=1.0, minimum-scale=1.0, maximum-scale=1.0,user-scalable=no" name="viewport" />
<meta name="format-detection" content="telephone=no"/>
<meta name="apple-mobile-web-app-status-bar-style" />
<title>img</title>
</head>
<body>
    <img src="logo.jpg" height="100" width="100" alt="This is a picture" >
</body>
</html>
```

2 <figure> 标签

<figure> 标签是 HTML 5 中的新标签。<figure> 标签代表一段独立的流内容，主要包括图像、文字、代码等。该标签添加标题时需要 <figcaption> 标签，所有主流浏览器都支持 <figure> 标签。使用 figure 标签效果如图 3.4 所示。

图 3.4 figure 标签设置图片效果

为了实现图 3.4 的效果，新建 CORE0302.html，代码如 CORE0302 所示：

代码 CORE0302：<figure> 标签的使用

```
<!doctype html>
<html>
<head>
<meta charset="utf-8">
<meta  content="width=device-width,  initial-scale=1.0,  minimum-scale=1.0,  maxi-
mum-scale=1.0,user-scalable=no" name="viewport" />
<meta name="format-detection" content="telephone=no"/>
<meta name="apple-mobile-web-app-status-bar-style"  />
<title>figure 标签是 HTML 5 中的新标签。</title>
</head>
<body>
    <p></p>
    <figure>
    <figcaption>HTML5</figcaption>
    <img src="logo.jpg" width="300" height="300" >
    </figure>
</body>
</html>
```

3　<area> 标签

定义图像映射内部的区域通常使用 <area> 标签，area 元素始终嵌套在 <map> 标签内部。该标签是新增标签，属性有 rel、media、hreflang。其中 rel 是规定当前文档与目标 URL 之间的关系，media 是规定目标 URL 是为何种媒介 / 设备优化的，hreflang 是规定目标 URL 的语言。基本用法如下所示：

（1）<area hreflang="language_code" href="url"> 表示双字符的语言代码，指定被链接文档的语言。

（2）<area media="all" href="url">media 属性规定所显示的设备。该属性使用与指定的 URL 显示在指定的设备上（如 iPhone），音频或者打印媒介。

（3）<area rel="nofollow" href="url">nofollow 是一个 HTML 标签的属性值。这个标签的意义是告诉搜索引擎“不要追踪此网页上的链接”或“不要追踪此特定链接”。

提示：想了解或学习 <map> 标签，扫描图中二维码，获得更多信息。

map

技能点 3　盒子模型

1　盒子模型概念

把 HTML 页面中的元素看作是一个矩形的盒子叫做盒子模型。盒子模型所具备的四个属性为：内容、填充、边框、边界。CSS 盒子模型就是在网页设计中经常用到的 CSS 技术所使用的一种思维模型。

盒子模型的四个属性分别是：margin、border、padding、content，四者之间的相互关系如图 3.5 所示。

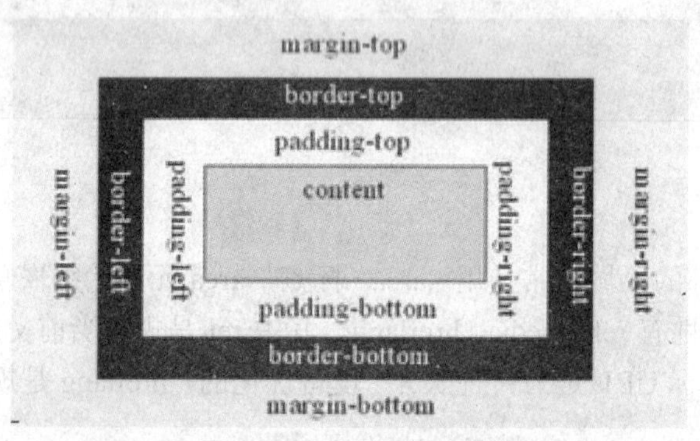

图 3.5　盒子模型结构图

2　margin 属性

margin 是设置元素边框与相邻元素之间的距离的属性。margin 的属性如表 3.2 所示。

表 3.2　margin 的属性

属性	描述
margin-top	上外边距
margin-right	右外边距
magin-bottom	下外边距

续表

属性	描述
margin-left	左外边距
margin	上外边距 [右外边距 下边距 左边距]

注意：使用复合属性 margin 定义外边距时，必须按顺时针顺序采用值复制，一个值为四边、两个值为上下 / 左右，三个值为上 / 左右 / 下。

使用 margin 属性的应用效果如图 3.6 所示。

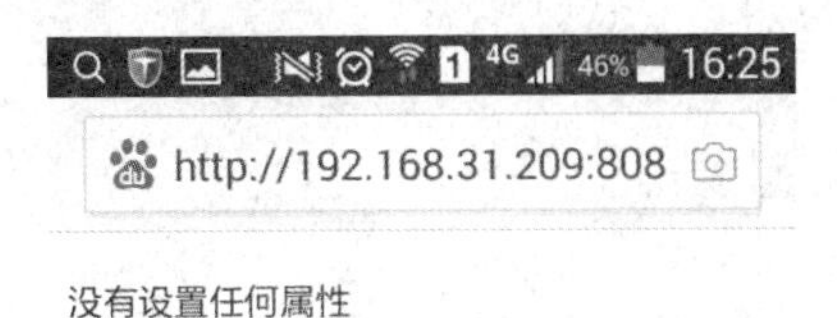
16:25
http://192.168.31.209:808
没有设置任何属性
设置上边距为100px，左边距为100px。
设置边距为30px。

按住 说话

图 3.6　margin 属性的应用

为了实现图 3.6 的效果，新建 CORE0303.html，代码 CORE0303 如下：

代码 CORE0303：margin 属性的应用

```
<!doctype html>
<html>
<head>
<meta charset="utf-8">
<meta content="width=device-width, initial-scale=1.0, minimum-scale=1.0, maximum-scale=1.0,user-scalable=no" name="viewport" />
<meta name="format-detection" content="telephone=no"/>
<meta name="apple-mobile-web-app-status-bar-style" />
<title>margin 属性 </title>
<style>
```

```
    body{
        margin-top:20px;/* 上外边距为 20px*/
        margin-left:20px; /* 左外边距为 20px*/}
    .p1{
        margin-left:100px;
        margin-top:100px;}
    .p2{
        margin:30px;/* 外边距为 30px*/}
</style>
</head>
<body>
<p> 没有设置任何属性 </p>
<p class="p1"> 设置上边距为 100px,左边距为 100px。</p>
<p class="p2"> 设置边距为 30px。</p>
</body>
</html>
```

3 border 属性

border 是为图像添加边框的属性，border 的属性值有三种，分别是：边框的粗细程度（2px）、边框的样式（solid）、边框的颜色（#000）。border 的属性如表 3.3 所示。

表 3.3 border 的属性

属性	描述
border-width	用来设置边框粗细，主要参考值有 thin 定义细边框，medium 定义中等边框，即默认边框，hick 定义粗边框
border-style	用来设置元素边框样式，主要参考值有 none 定义无边框，solid 定义实线，double 定义双线 双线宽度等于 border-width 的值
border-color	用来设置边框的颜色

border 边框属性的应用效果如图 3.7 所示。

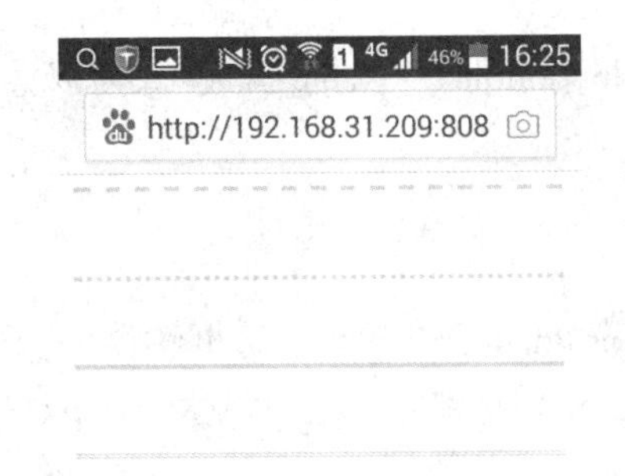

图 3.7　border 边框的属性的应用

为了实现图 3.7 的效果，新建 CORE0304.html，代码 CORE0304 如下：

代码 CORE0304：border 边框属性的应用

```
<!doctype html>
<html>
<head>
<meta charset="utf-8">
<meta content="width=device-width, initial-scale=1.0, minimum-scale=1.0, maxi-
mum-scale=1.0,user-scalable=no" name="viewport" />
<meta name="format-detection" content="telephone=no"/>
<meta name="apple-mobile-web-app-status-bar-style" />
<title>border 边框属性 </title>
<style>
    .dashed {
        border-top-style: dashed; /* 头部边框样式为虚线 */
    }
    .dotted {
        border-top-style: dotted; /* 头部边框样式为虚线 */
    }
    .solid {
        border-top-style: solid; /* 头部边框样式为实线 */
    }
    .double {
```

```
            border-top-style: double; /* 头部边框样式为双实线 */

        }
        div {
            border-top-color:#dcdcdc;  /* 头部边框颜色为灰色 */
            border-top-width: 3px;  /* 头部边框宽度为 3px*/
            width: 300px;
            height: 50px;
        }
    </style>
    </head>
    <body>
    <div class="dashed"></div>
    <div class="dotted"></div>
    <div class="solid"></div>
    <div class="double"></div>
    </body>
    </html>
```

4 padding 属性

padding 是设置边框和内部元素之间的距离的属性，padding 的属性如表 3.4 所示。

表 3.4 padding 的属性

属性	描述
padding-top	上内边距
padding-right	右内边距
padding-bottom	下内边距
padding-left	左内边距
padding	上内边距 [右内边距 下内距 左内距]

使用 padding 属性的应用效果如图 3.8 所示。

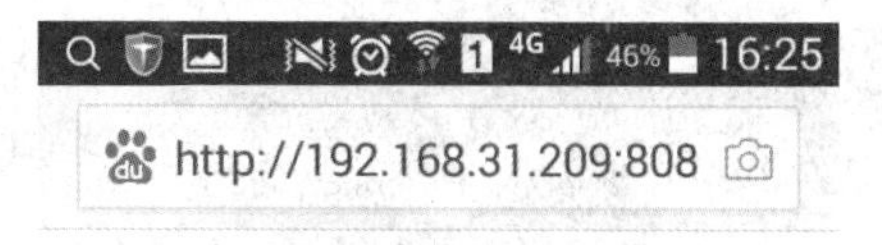

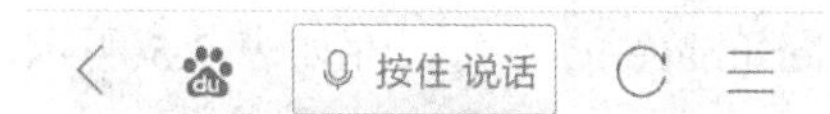

图 3.8　padding 边框的属性的应用

为了实现图 3.8 的效果，新建 CORE0305.html，代码 CORE0305 如下：

代码 CORE0305：padding 属性的应用

```
<!doctype html>
<html>
<head>
<meta charset="utf-8">
<meta content="width=device-width, initial-scale=1.0, minimum-scale=1.0, maximum-scale=1.0,user-scalable=no" name="viewport" />
<meta name="format-detection" content="telephone=no"/>
<meta name="apple-mobile-web-app-status-bar-style" />
<title>padding 属性 </title>
<style>
.p{border:1px solid #00C;}
.p1{
    padding:50px;}
.p2{
    padding:80px;}
</style>
</head>
<body>
```

```
<p class="p1"> 内边距为 50px</p>
<p class="p2"> 内边距为 80px</p>
</body>
</html>
```

技能点 4 CSS3 边框属性

CSS3 中添加了许多新的属性。CSS3 增加的有关边框的属性有：border-image、border-raduis、border-shadow。

1 border-image 属性

border-image 是使用图像作为标签的边框的属性，但是 border-collapse 属性不能跟 border-image 属性同时使用。border-image 的相关属性如表 3.5 所示。

表 3.5 border-image 的属性

值	描述
border-image-source	表示用在边框的图片的路径
border-image-slice	表示图片边框向内偏移
border-image-width	表示图片边框的宽度
border-image-outset	表示边框图像区域超出边框的量

使用 border-image 属性效果如图 3.9 所示。

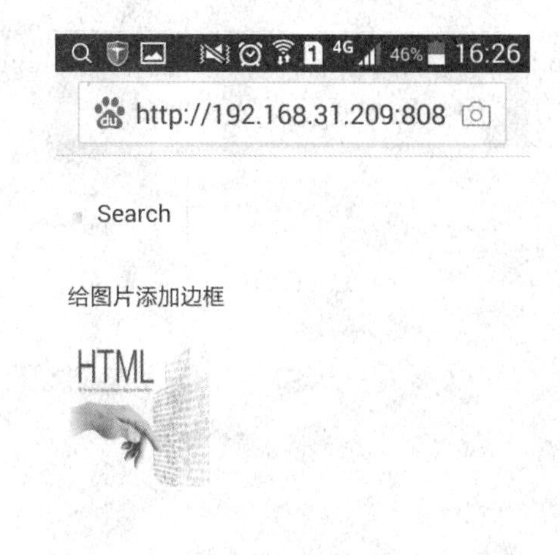

图 3.9　border-image 的应用效果图

为了实现图 3.9 的效果，新建 CORE0306.html，代码如 CORE0306 所示。

代码 CORE0306：border-image 属性的使用

```
<!doctype html>
<html>
<head>
<meta charset="utf-8">
<meta content="width=device-width, initial-scale=1.0, minimum-scale=1.0, maxi-
mum-scale=1.0,user-scalable=no" name="viewport" />
<meta name="format-detection" content="telephone=no"/>
<meta name="apple-mobile-web-app-status-bar-style" />
<title>border-image 属性的使用 </title>
<style>
div{
border:10px solid transparent;/* 边框粗细 10px 实线  颜色为透明 */
width:50px;/* 宽度为 50px*/
padding:10px;/* 内边距为 10px*/
-moz-border-image:url(logo.jpg) 0 14 0 14 stretch; /* 老版本的 Firefox */
-webkit-border-image:url(logo.jpg) 0 14 0 14 stretch; /* Safari */
-o-border-image:url(logo.jpg) 0 14 0 14 stretch; /* Opera */
```

```
    border-image:url(logo.jpg) 0 14 0 14 stretch;/* 背景图像为 logo.jpg, 上边框为 0,右边
框为 14,下边距为 0,左边距为 14 图像重复性为拉伸 */
    }
    img{
        width:100px;
        height:100px;}
    </style>
    </head>
    <body>
    <div>Search</div>
    <p> 给图片添加边框 </p>
    <img src="logo.jpg">
    </body>
    </html>
    </body>
    </html>
```

提示：支持 border-image 属性的浏览器有 Internet Explorer 11, Firefox, Opera 15, Chrome 以及 Safari 6。

2 border-radius 属性

border-radius 是实现圆角边框的属性，border-raduis 的相关属性如表 3.6 所示。

表 3.6 border-raduis 属性

值	描述
length	定义圆角的形状
%	以百分比定义圆角的形状

使用 border-raduis 的效果如图 3.10 所示。

为了实现图 3.10 的效果，新建 CORE0307.html，代码如 CORE0307 所示。

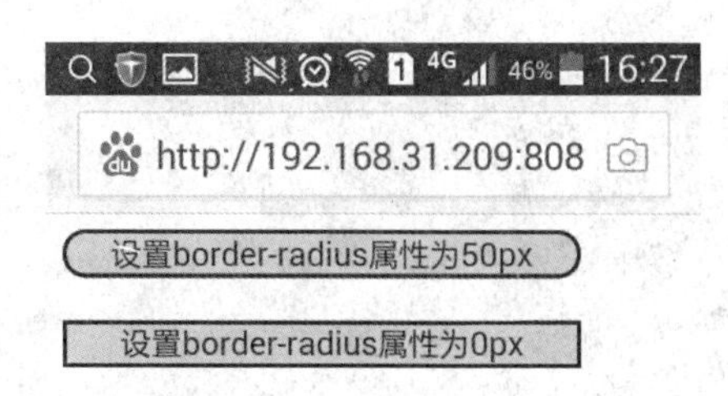

图 3.10　border-radius 的应用效果图

代码 CORE0307：border-radius 使用

```
<!doctype html>
<html>
<head>
<meta charset="utf-8">
<meta content="width=device-width, initial-scale=1.0, minimum-scale=1.0, maximum-scale=1.0,user-scalable=no" name="viewport" />
<meta name="format-detection" content="telephone=no"/>
<meta name="apple-mobile-web-app-status-bar-style" />
<title>border-raduis 使用 </title>
<style>
.radius1
{
text-align:center;/* 文字显示方式居中 */
border:2px solid #000;/* 边框粗细 2px 实线 黑色 */
background:#dcdcdc;/* 背景颜色 灰色 */
width:250px;
border-radius:50px;/* 圆角半径为 50px*/
-moz-border-radius:50px; /* 老的 Firefox */
```

```
}
.radius2
{
text-align:center;
border:2px solid #F00;
background:#0FF;
width:250px;
margin-top:20px;
-moz-border-radius:50px; /* 老的 Firefox */
}
</style>
</head>
<body>
  <div class="radius1"> 设置 border-radius 属性为 50px</div>
  <div class="radius2"> 设置 border-radius 属性为 0px</div>
</body>
</html>
```

在上面代码中我们采用的是简化的 border-raduis 设置圆角，我们也可以写成：

```
border-top-left-radius:50px;
border-top-right-radius:50px;
border-bottom-right-radius:50px;
border-bottom-left-radius:50px;
```

3 box-shadow 属性

box-shadow 是给边框添加阴影效果的属性。box-shadow 的属性值包括：阴影宽度、阴影颜色等。box-shadow 的属性如表 3.7 所示。

表 3.7 box-shadow 属性

值	描述
h-shadow	必需填写。表示水平阴影的位置。允许负值
v-shadow	必需填写。表示垂直阴影的位置。允许负值
blur	可选。表示模糊距离
spread	可选。表示阴影的尺寸
color	可选。表示阴影的颜色。请参阅 CSS 颜色值
inset	可选。表示将外部阴影（outset）改为内部阴影

使用 box-shadow 的效果如图 3.11 所示。

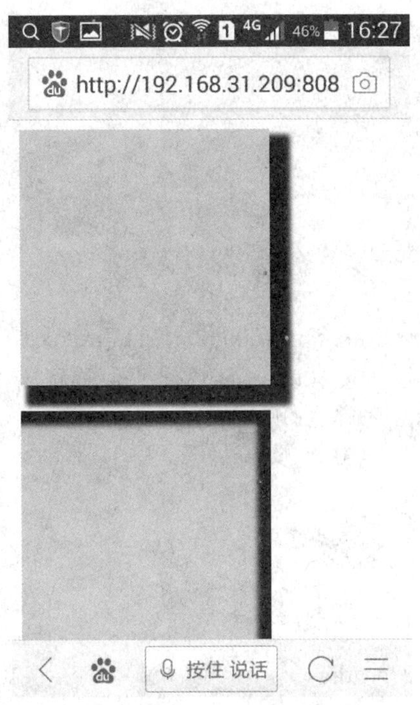

图 3.11　box-shadow 的应用效果

为了实现图 3.11 的效果，新建 CORE0308.html，代码如 CORE0308 所示。

代码 CORE0308：box-shadow 使用

```
<!doctype html>
<html>
<head>
<meta charset="utf-8">
<meta content="width=device-width, initial-scale=1.0, minimum-scale=1.0, maxi-
mum-scale=1.0,user-scalable=no" name="viewport" />
<meta name="format-detection" content="telephone=no"/>
<meta name="apple-mobile-web-app-status-bar-style" />
<title>box-shadow 使用 </title>
<style>
.shadow1
{
width:200px;
height:200px;
background-color:#dcdcdc;/* 背景颜色为灰色 */
-moz-box-shadow: 10px 10px 5px #000; /* 老的 Firefox */
box-shadow: 10px 10px 5px 5px #000;/* 水平偏移距离 10px, 垂直偏移 10px, 阴影模
糊距离 5px, 阴影尺寸 5px, 颜色为黑色 */
```

```
}
.shadow2
{
width:200px;
height:200px;
background-color:#dcdcdc;
margin-top:20px;
-moz-box-shadow: 10px 10px 5px #000; /* 老的 Firefox */
box-shadow:-10px 10px  5px #000 inset;/* 水平偏移距离 10px, 垂直偏移 10px, 阴影模糊距离 5px, 阴影尺寸 5px, 颜色为黑色 , 内部阴影 */
}
</style>
</head>
<body>
  <div class="shadow1"></div>
  <div class="shadow2"></div>
</body>
</html>
```

技能点 5　背景属性

1 CSS 背景属性

CSS 背景属性是 CSS3 中一个属性，通常用 background 来表示，主要是用来设置网页的背景，例如：背景颜色、背景图片等。CSS 背景控制属性如表 3.8 所示。

表 3.8　CSS 背景控制属性

属性	描述
background-color	用来设置网页的背景颜色
background-image	用来设置网页的背景图片，也就是添加背景图片
background-repeat	用来设置背景平铺重复方向
background-attachment	用来设置背景图像是固定或滚动
background-position	用来设置背景图片的位置
background-origin	用来规定背景图片的定位区域

background 中最常用的两个属性是背景颜色（background-color）和背景图片（background-image），其中背景颜色属性的值一般为十六进制数字，例如：#dcdcdc。添加背景图片的格式为：background-image: url(图片名称 .jpg):

2　background-color 属性

设置背景颜色通常使用 background-color 属性，该属性有三种表示方式：颜色名、RGB 值、十六进制数。最常用的表示方式为十六进制数。在 CSS3 中背景颜色的三种表达方式为：

```
body{
        background-color:#000000;
        background-color:rgb(0,0,0);
        background-color: black;
}
```

在 HTML 表示方式代码如下：

```
<body background-color="#000000">
<body background-color="rgb(0,0,0)">
<body background-color="black">
```

使用 background-color 属性来设置背景颜色和标签颜色效果如图 3.12 所示。

图 3.12　background-color 属性的应用

为了实现图 3.12 的效果，新建 CORE0309.html 文档，代码如 CORE0309 所示。

代码 CORE0309：background-color 属性的使用

```
<!doctype html>
<html>
<head>
<meta charset="utf-8">
<meta content="width=device-width, initial-scale=1.0, minimum-scale=1.0, maxi-
mum-scale=1.0,user-scalable=no" name="viewport" />
<meta name="format-detection" content="telephone=no"/>
<meta name="apple-mobile-web-app-status-bar-style" />
<title>background-color 应用 </title>
</head>
<body>
<style type="text/css">
body {background-color: dcdcdc;}/* 背景颜色为灰色 */
h1 {background-color: #f0ffff}/* 标题 1 的背景颜色为浅绿色 */
h2 {background-color: transparent}/* 标题 2 背景颜色为透明 */
p {background-color: rgb(380,0,280)}/* 段落标签的背景颜色为粉色 */
p.padding {background-color: blue; padding: 20px;}/* 背景颜色为灰色，内边距为
20px*/
</style>
</head>
<body>
  <h1> 去哪儿旅游景点介绍界面 </h1>
  <h2> 去哪儿旅游景点介绍界面 </h2>
  <p> 去哪儿旅游景点介绍界面 </p>
  <p class="padding"> 去哪儿旅游观光地点界面（设置该属性内边距为 20px）</p>
</body>
</html>
```

3 background-image 属性

在网页添加背景图片通常使用 background-image 属性，在 HTML5 中添加背景图片的代码为：<body background-image="url(图片名 .jpg)">，而在 CSS3 中添加背景图片的代码为：body{background-image:url(图片名 .jpg);},background-image 除了引用图片地址的 URL 属性以外还有一些其他属性，background-image 属性值如表 3.9 所示。

表 3.9 background-image 属性表

值	描述
url('URL')	表示指向图像的路径
none	默认值。表示不显示背景图像
inherit	规定应该从父元素继承 background-image 属性的设置

使用 background-image 设置背景图片的效果如图 3.13 所示。

图 3.13 background-image 属性应用示例图

为了实现图 3.13 的效果，新建 CORE0310.html 文档，代码如 CORE0310 所示。

代码 CORE0310：background-image 属性的使用

```
<!doctype html>
<html>
<head>
<meta charset="utf-8">
<meta content="width=device-width, initial-scale=1.0, minimum-scale=1.0, maxi-
mum-scale=1.0,user-scalable=no" name="viewport" />
```

```
<meta name="format-detection" content="telephone=no"/>
<meta name="apple-mobile-web-app-status-bar-style" />
<title> background-image 属性的使用 </title>
</head>
<body>
<style type="text/css">
body{
    background-color:#dcdcdc; /* 背景颜色为灰色 */
    background-image:url(logo.jpg);}/* 背景图片为 logo.jpg*/
</style>
</head>
<body>
</body>
</html>
```

4 background-repeat 属性

设置图片平铺方向通常使用 background-repeat 属性，该属性必须在使用背景图片（background-image）属性的基础上使用，不可以单独使用。background-repeat 属性如表 3.10 所示。

表 3.10 background-repeat 属性表

值	描述
repeat	默认。表示背景图像将在垂直方向和水平方向重复
repeat-x	表示背景图像将在水平方向重复
repeat-y	表示背景图像将在垂直方向重复
no-repeat	表示背景图像只显示一次
inherit	表示应该从父元素继承 background-repeat 属性的设置

使用 background-repeat 的效果如图 3.14 所示。

图 3.14　background-repeat 属性应用示例图

为了实现图 3.14 的效果，新建 CORE0311.html 文档，代码 CORE0311 如下。

代码 CORE0311：background-repeat 属性的使用

```
<!doctype html>
<html>
<head>
<meta charset="utf-8">
<meta content="width=device-width, initial-scale=1.0, minimum-scale=1.0, maxi-
mum-scale=1.0,user-scalable=no" name="viewport" />
<meta name="format-detection" content="telephone=no"/>
<meta name="apple-mobile-web-app-status-bar-style" />
<title>background-repeat 属性的使用 </title>
</head>
<body>
<style type="text/css">
body{
    background-color:#dcdcdc;          /* 背景颜色为灰色 */
    background-image:url(logo.jpg);  /* 图片为 logo.jpg*/
    background-repeat:no-repeat;}    /* 平铺样式设为不重复 */
</style>
```

```
</head>
<body>
</body>
</html>
```

5 background-position 属性

背景定位通常使用 background-position 属性，该属性的值有三种方式，如表 3.11 所示，background-position 属性的默认设置的值是 top left。

表 3.11 background-position 属性

值	描述
X Y	X：水平，Y：垂直；左上角：left top，取值：top center right
X% Y%	X：水平，Y：垂直；左上角：0% 0%
Xpos Ypos	X：水平，Y：垂直；左上角：0 0

使用 background-position 的效果如图 3.15 所示。

图 3.15 background-position 属性应用示例图

为了实现图 3.15 的效果，新建 CORE0312.html 文档，代码如 CORE0312 所示。

代码 CORE0312：background-position 设置背景图片代码

```
<!doctype html>
<html>
<head>
<meta charset="utf-8">
<meta content="width=device-width, initial-scale=1.0, minimum-scale=1.0, maximum-scale=1.0,user-scalable=no" name="viewport" />
<meta name="format-detection" content="telephone=no"/>
<meta name="apple-mobile-web-app-status-bar-style" />
<title>background-position 应用 </title>
</head>
<style type="text/css">
body{
    background-color:#dcdcdc;/* 背景颜色为灰色 */
    background-image:url(logo.jpg);/* 背景图片为 logo.jpg*/
    background-repeat:no-repeat;/* 平铺样式设为不重复 */
    background-position:30px 30px;}/* 设置图片的位置为左边距 30px，上边距 30px*/
</style>
</head>
<body>
</body>
</html>
```

6　background-attachment 属性

定义背景图片随滚动轴的移动方式通常使用 background-attachment 属性，在没有对 background-attachment 属性进行设置之前，background-attachment 的默认属性值为 scroll，background-attachment 属性如表 3.12 所示。

表 3.12　background-attachment 属性

值	描述
scroll	默认值。表示背景图像会随着页面其余部分的滚动而移动
fixed	表示当页面的其余部分滚动时，背景图像不会移动
inherit	表示从父元素继承 background-attachment 属性的设置您可以混合使用 X% 和 position 值

使用 background-attachment 的效果如图 3.16 所示。

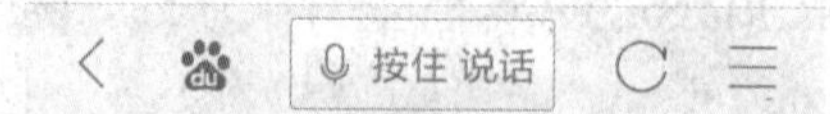

图 3.16　background-attachment 属性应用示例图

为了实现图 3.16 的效果，新建 CORE0313.html 文档，代码如 CORE0313 所示。

代码 CORE0313：background-attachment 属性的使用

```
<!doctype html>
<html>
<head>
<meta charset="utf-8">
<meta content="width=device-width, initial-scale=1.0, minimum-scale=1.0, maxi-
mum-scale=1.0,user-scalable=no" name="viewport" />
<meta name="format-detection" content="telephone=no"/>
<meta name="apple-mobile-web-app-status-bar-style" />
<title> background-attachment 属性的使用 </title>
</head>
<body>
<style type="text/css">
body
{
background-image:url(logo.jpg);
background-repeat:no-repeat; /* 平铺样式设为不重复 */
background-attachment:fixed; /* 背景图像是随对象内容是固定的 */
```

```
color:blue;
}
</style>
</head>
<body>
<p> 图像位置固定。</p>
<p> 图像位置固定。</p>
<p> 图像位置固定。</p>
<p> 图像位置固定。</p>
<p> 图像位置固定。</p>
<!—省略部分代码 -->
</body>
</html>
```

提示：想了解更多的背景属性，扫描图中二维码部分，获得更多信息。

背景属性

技能点 6　HTML5 图像过渡和变形

1　transition 属性

transition 是实现背景图像过渡的效果的属性，是 HTML5 新增属性。transition 的属性如表 3.13 所示。

表 3.13　transition 的属性

值	描述
property	表示设置过渡效果的 CSS 属性的名称
transition-duration	表示完成过渡效果需要多少秒或毫秒
transition-timing-function	表示速度效果的速度曲线
transition-delay	表示过渡效果何时开始

使用 transition 的效果如图 3.17 所示。

为了实现图 3.17 的效果，新建 CORE0314.html，代码如 CORE0314 所示。

（a）鼠标移动前　　（b）鼠标移动后

图 3.17　transition 的应用效果图

代码 CORE0314：transition 属性的使用

```
<!doctype html>
<html>
<head>
<meta charset="utf-8">
<meta content="width=device-width, initial-scale=1.0, minimum-scale=1.0, maximum-scale=1.0,user-scalable=no" name="viewport" />
<meta name="format-detection" content="telephone=no"/>
<meta name="apple-mobile-web-app-status-bar-style" />
<title>transition 属性的使用 </title>
<style>
div
{
width:100px;
height:100px;
background:#dcdcdc;
```

```
transition:width 3s;/* 过渡宽度为 3s*/
-moz-transition:width 3s; /* Firefox 过渡宽度为 3s */
-webkit-transition:width 3s; /* Safari and Chrome 过渡宽度为 3s*/
-o-transition:width 3s; /* Opera 过渡宽度为 3s */
}
div:hover
{
width:300px;
height:200px;
border-radius:50px;/* 圆角边框 50px*/
}
</style>
</head>
<body>
  <div></div>
  <p> 点击 div 查看效果 </p>
</body>
</html>
```

2　transform 属性

transform 是实现图形变形效果的属性。transform 属性值如表 3.14 所示。

表 3.14　transform 属性值

值	描述
none	表示不进行转换
matrix(n,n,n,n,n,n)	表示 2D 转换，使用六个值的矩阵
matrix3d(n,n,n,n,n,n,n,n,n,n,n,n,n,n,n,n)	表示 3D 转换，使用 16 个值的 4×4 矩阵
translate(x,y)	表示 2D 转换
translate3d(x,y,z)	表示 3D 转换
scale(x,y)	表示 2D 缩放转换
scale3d(x,y,z)	表示转换，只是用 X 轴的值

使用 transform 的效果如图 3.18 所示。

图 3.18　transform 的应用效果图

为了实现图 3.18 的效果，新建 CORE0315.html，代码如 CORE0315 所示。

代码 CORE0315：transform 的使用

```
<!doctype html>
<html>
<head>
<meta charset="utf-8">
<title> transform 的使用 </title>
<style>
body
{
margin:30px;
background-color:#E9E9E9;
}
div.demo
{
width:130px;
padding:10px 10px 20px 10px;
border:1px solid #BFBFBF;
background-color:white;
box-shadow:2px 2px 3px #aaaaaa;
```

```
}
div.rotate_left
{
float:left;
-ms-transform:rotate(10deg); /* IE 9 */
-moz-transform:rotate(10deg); /* Firefox */
-webkit-transform:rotate(10deg); /* Safari and Chrome */
-o-transform:rotate(10deg); /* Opera */
transform:rotate(10deg);/* 旋转角度 10 度 */
}
div.rotate_right
{
float:left;
-ms-transform:rotate(-8deg); /* IE 9 */
-moz-transform:rotate(-8deg); /* Firefox */
-webkit-transform:rotate(-8deg); /* Safari and Chrome */
-o-transform:rotate(-8deg); /* Opera */
transform:rotate(-8deg);/* 旋转角度 -8 度 */
}
img{
	width:100px;
	height:100px;}
</style>
</head>
<body>
<div class="demo rotate_left">
<img src="logo.jpg" alt=" 旋转 10 度 " />
<p class="caption"> 旋转 10 度 </p>
</div>
<div class="demo rotate_right">
<img src="logo.jpg" alt=" 旋转 -8 度 "  />
<p class="caption"> 旋转 -8 度 </p>
</div>
</body>
</html>
```

提示：支持 transform 属性的浏览器有 Internet Explorer 10+、Firefox、Opera。

通过下面八个步骤，实现图 3.2 所示的去哪儿旅游主界面。

第一步：打开 Sublime Text2 软件，如图 3.19 所示。

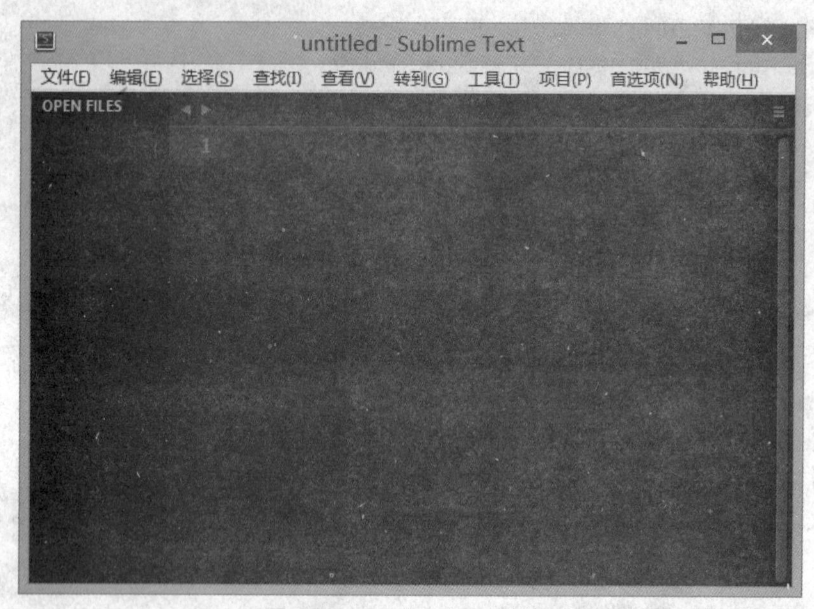

图 3.19　Sublime Text2 界面

第二步：点击创建并保存为 CORE0314.html 文件。

第三步：新建 state.css 文件，通过外联方式引入到 HTML 文件中，如图 3.20 所示。

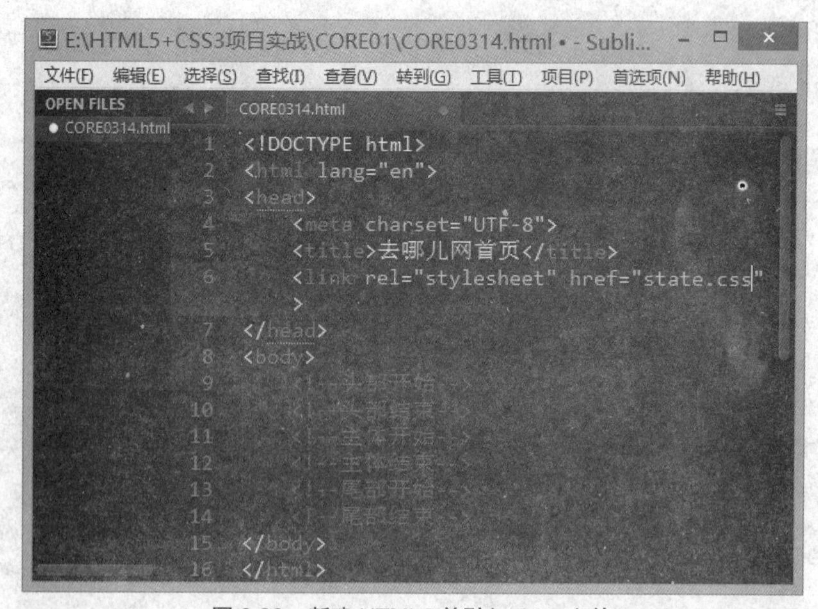

图 3.20　新建 HTML5 并引入 CSS 文件

第四步：在 <head> 里面添加 <meta> 标签，使网页适应手机屏幕宽度。代码如 CORE0316 所示。

代码 CORE0316：<meta> 标签

```
<meta content="width=device-width, initial-scale=1.0, minimum-scale=1.0, maximum-scale=1.0,user-scalable=no" name="viewport" />
<meta name="format-detection" content="telephone=no"/>
<meta name="apple-mobile-web-app-status-bar-style" />
```

第五步：头部制作。

头部样式制作分为三部分：网站 logo、搜索框、搜索按钮，其中网站 logo 是使用的图片标签，搜索框和搜索按钮是表单标签，代码 CORE0317 如下，添加内容后效果如图 3.21 所示。

代码 CORE0317：头部 HTML 代码

```
<header class="head">
<a class="back" href="##" id="return"></a>
<div class="title">
<img src="img/logo.png"></img>
</div>
<section class="middle_sea">
<input type="search" name="q" autocomplete="on" id="mdd_search_box_new"
        placeholder=" 搜索你想去的地方 " />
 <input type="submit" value=" 搜索 " class="button"/>
</section>
</header>
```

设置头部的样式，给输入框和按钮设置背景颜色，设置按钮为圆角，代码 CORE0318 如下，效果如图 3.22 所示。

第六步：主体部分导航栏和景点介绍部分。

主体部分主要包括导航栏和景点推荐部分，代码 CORE0319 如下，效果如图 3.23 所示。

设置导航栏样式和景点推荐样式，代码 CORE0320 如下，效果如图 3.24 所示。

图 3.21 头部设置样式前

图 3.22 设置头部样式后

代码 CORE0318:头部 CSS 代码

```
  *{
    padding:0px;
    margin:0px;
    border:0px;
  }
a,a:visited {
    text-decoration: none;
    color: #666;
    outline: 0
}
.head {
    width: 100%;
    height: 50px;
    background-color: #fff;
    border-bottom: 1px solid #f29406;
    display: table;
```

```
    position: relative
}
.middle_sea {
    background-color: #ededed;
    padding: 8.5px 10px;
    position: relative
}
#mdd_search_box_new {
    padding: 7.5px 0;
    width: 65%;
    border: 0;
    font-size: 15px;
    color: #666;
    background: #fff url(../images/hotel_sprite4.png) -62px 9px no-repeat;
    background-size: 240px 250px;
    border-radius: 4px;/* 圆角边框 */
    text-indent: 25px;
    height:30px;
}
.button {
font: 16px/100% Arial, Helvetica, sans-serif;
padding: .5em 2em .55em;
text-shadow: 0 1px 1px rgba(0,0,0,.3);
-webkit-border-radius: .5em;
-moz-border-radius: .5em;
-webkit-box-shadow: 0 1px 2px rgba(0,0,0,.2);
-moz-box-shadow: 0 1px 2px rgba(0,0,0,.2);
box-shadow: 0 1px 2px rgba(0,0,0,.2);
}
```

代码 CORE0319：导航栏和景点介绍 HTML 代码

```
<nav class="mdd_menu">
<ul>
<li><a href="#" class="on"> 推荐 </a></li>
</ul>
```

```
</nav>
<section class="mdd_con">
<div class="mdd_box">
<div class="mdd_tit">
<span> <strong style="font-size:16px;font-weight:normal;"> 巴黎 </strong> ，浪漫与时尚的结合 </span>
</div>
<div class="slider-wrapper">
<ul class="mdd_silde">
<li><a href="#"><img class="lazy" src="img/smy.jpg" /><span> 巴黎圣母院 </span></a></li>
<li><a href="#"><img class="lazy"src="img/lfg.jpg" /><span> 卢浮宫 </span></a></li>
<li><a href="#"><img class="lazy" src="img/afe.jpg" /><span> 旧埃菲尔铁塔 </span></a></li>
<li><a href="#"><img class="lazy" src="img/fes.jpg" /><span> 凡尔赛宫 </span></a></li>
</ul>
</div>
</div>
```

图 3.23 主体样式设置前

图 3.24 主体样式设置后

代码 CORE0320：导航栏及图片样式 CSS

```
.mdd_menu {
    height: 43px;
    background-color: #fff;
    border-bottom: solid 1px #c8c8c8;
    overflow: hidden;
    white-space: nowrap;
}
.mdd_menu ul {
    display: table;
    width: 100%;
}
.mdd_menu ul li {
    display: table-cell;
    text-align: center
}
.mdd_menu ul li a {
    display: inline-block;
    line-height: 40px;
    color: #666;
    text-align: center;
    font-size: 16px;
    border-bottom: solid 2px #fff;
    margin: 0 10px;
    padding: 0 27px
}
.mdd_menu ul li a.on {
    border-bottom: solid 3px #f29406;
    color: #f29406
}
.mdd_menu ul li em {
    height: 15px;
    width: 1px;
    background-color: #eee;
    float: right;
    margin-top: 13px
}
```

第七步：底部信息的添加及文字超链接。

底部网站信息的添加及文字超链接，代码 CORE0321 如下，效果如图 3.25 所示。

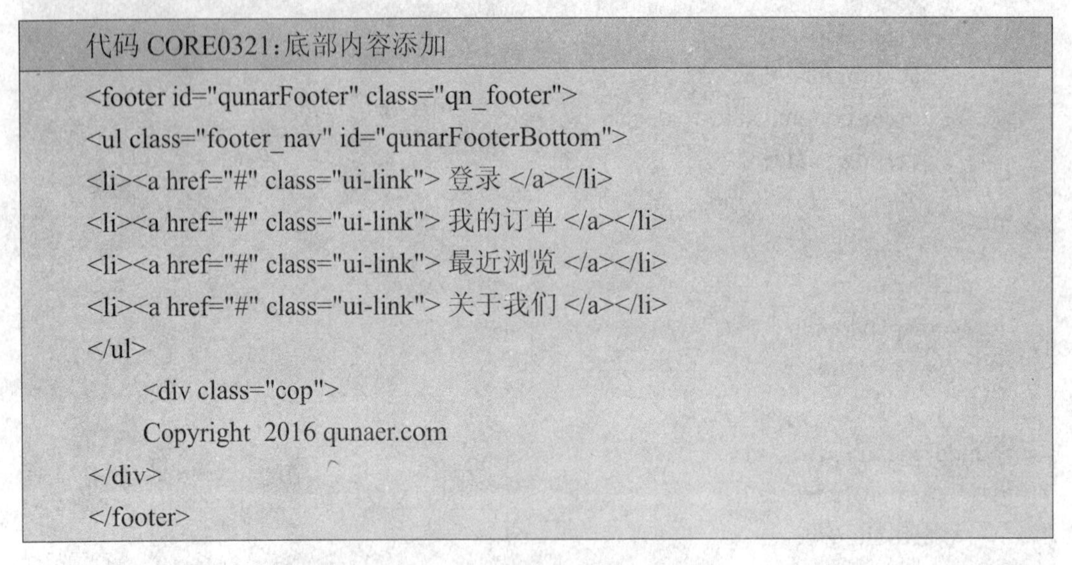

代码 CORE0321：底部内容添加

```
<footer id="qunarFooter" class="qn_footer">
<ul class="footer_nav" id="qunarFooterBottom">
<li><a href="#" class="ui-link"> 登录 </a></li>
<li><a href="#" class="ui-link"> 我的订单 </a></li>
<li><a href="#" class="ui-link"> 最近浏览 </a></li>
<li><a href="#" class="ui-link"> 关于我们 </a></li>
</ul>
    <div class="cop">
    Copyright  2016 qunaer.com
</div>
</footer>
```

第八步：底部信息样式设置，版权信息内容为 Copyright 2016 qunaer.com，该内容为一个段落，使用段落标签，代码 CORE0322 如下，效果如图 3.26 所示。

图 3.25 底部信息样式设置前

图 3.26 底部信息样式设置后

代码 CORE0322：底部信息样式

```
footer .cop {
    color: #666;
    font-size: 11.5px;
    text-align:center;
    margin-top:10px;
}
.qn_footer {
    width: 320px;
    margin: 0 auto;
}
.qn_footer .main_nav {
    width: 300px;
    height: 62px;
    margin: 0 auto;
    padding: 5px 10px 0 10px;
}
.qn_footer .main_nav li {
    margin: 0;
    height: 31px;
    width: 60px;
    float: left;
    position: relative;
    background: none;
}
.qn_footer .main_nav li a {
    display: block;
    height: 22px;
    width: 100%;
    font-size: 12px;
}
```

至此，去哪儿网旅游观光地点界面就制作完成了。

【拓展目的】

熟悉 HTML5 中的图像标签、CSS 的背景设置、CSS 在页面中图像的设置。

【拓展内容】

利用本次任务介绍的技术和方法，制作去哪儿网旅游的用户分享界面，效果如图 3.27 所示。

图 3.27 用户分享界面效果图

【拓展步骤】

（1）设计思路。

将网页分成三部分，头部为网站 logo、登录、订单的链接和输入框，中间部分是导航栏和图片讲解，底部是最近浏览和关于我们的超链接和版权信息。

（2）HTML 部分代码如 CORE0323 所示。

代码 CORE0323：HTML

```
<body>
    <header>
<div id="back">
        <div>
            <a href="##" > 登录 </a>  
            <a href="##" > 我的订单 </a>
        </div>
    </div>
</header>
    <div id="top">
```

```
            <img src="img/pan.jpg" ><p> 说说这次旅行 <p></div><br>
            <section>
            <nav class="foo">
                <a href="##"> 首页 </a>
                <a href="##"> 推荐 </a>
                <a href="##"> 其他 </a>
            </nav>
        <div id="cent">
        <ul>
<li><a href="##" onclick="" rel="external" class="ui-link">
<img src="img/dbdatm_430x270_00.jpg" /> </a>
<section class="text_layer p10 font-yahei">
<h2 class="f16 fb fefefe fn-tl"> 去日本游玩的这些天 </h2>
<aside class="f12 bbb">
<span class="fn-fl">2016-1-1  </span>
<span class="fn-fr">by 小物 </span>
</aside>
</section>
</li>
</ul>
</div>
</section>
<footer id="qunarFooter" class="qn_footer">
<ul class="footer_nav" id="qunarFooterBottom">
<li><a href="#" class="ui-link"> 最近浏览 </a></li>
<li><a href="#" class="ui-link"> 关于我们 </a></li>
</ul>
<ul class="mobile_pc">
<li class="active"><a href="#" class="ui-link"> 触屏版 </a></li>
<li><a href="#"  class="ui-link"> 电脑版 </a></li>
</ul>
</footer>
</body>
```

（3）CSS 部分代码如 CORE0324 所示。

代码 CORE0324: CSS 代码

```
*{
    padding:0px;
    margin:0px;
}
body{
    background-color:#dcdcdc;
    width:90%;
    margin:0 auto;
    }
a:hover,a{
    text-decoration:none;
    color:#000;
}
ul{
    list-style-type:none;}
header{
    height:35px;
    margin-top:5px;
    border-bottom:1px solid #CCC;
}
header #back img{
    width:100%;
    height:50px;
    float:left;
    background-image:url(img/logo.png);
    }
header h3{
    color:#000;
    font-size:20px;
    float:left;
    line-height:35px;
    margin-left:5px;}
```

本任务通过对去哪儿旅游主界面的设计训练，熟悉了 HTML5 中的图像标签、CSS 的背景

设置、图像的设置以及CSS3中新增关于图片的便签的使用，学会在网页中合理地插入图像和应用图片设计景点推荐网页的方法。

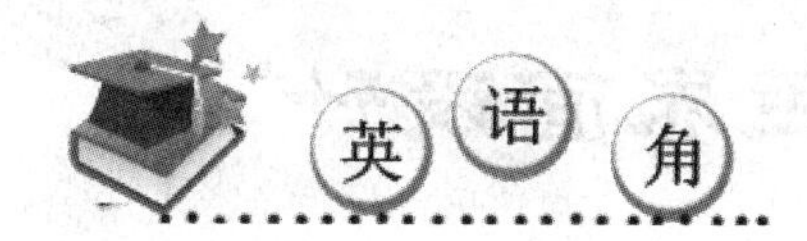

align　段落对齐方式

marquee　滚动

address　地址

code　编码

area　区域

map　热点区域声明

img　图片标签

start　开始

type　类型

一、选择题

1. 网页中图片使用的格式不包括（　　）。

（A）GIF　（B）JPEG　（C）BMP　（D）PSD

2. 将图片定义为客户其端图像映射的属性是（　　）。

（A）ismap　（B）width　（C）usemap　（D）height

3. figure标签不支持（　　）版本的浏览器。

（A）IE8　（B）Chrome　（C）IE11　（D）Firefox

4.<area>标签使用时需要和（　　）标签一起。

（A）<img >　（B）<map>　（C）<figure>

5. background-position默认的位置是（　　）。

（A）左上角　（B）右下角　（C）左下角　（D）右下角

二、上机操作

充分利用本项目所讲内容，发挥自己的想象能力，制作一页漂亮的图片网页。

要求：利用本项目的学习做出合理的布局并能体现所学的插入图片的知识。

项目四　衣世界旗舰店主界面设计

通过实现衣世界旗舰店主界面，学习列表标签的使用和表格的创建等知识。在任务实现过程中：

- 掌握列表标签的属性和样式；
- 掌握表格的创建和属性；
- 掌握 CSS3 新增属性。

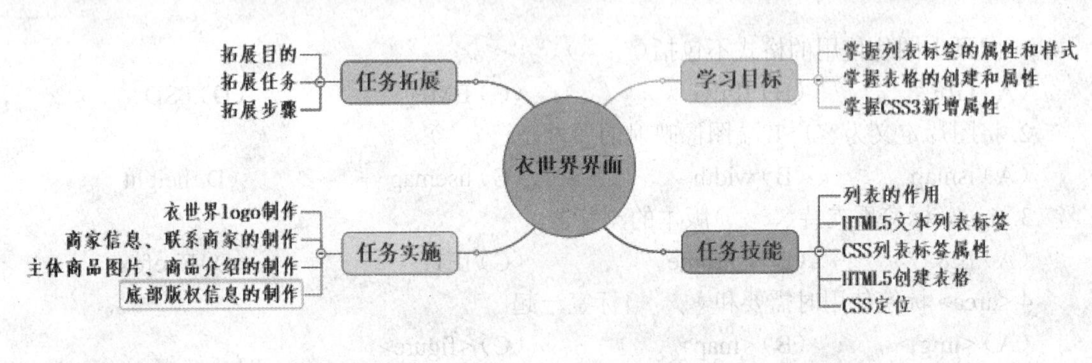

【情境导入】

随着时代的发展，购物网站越来越多，已经成为我们生活中不可或缺的一部分。而在编写购物网站的界面时，通常使用列表标签，我们在编写导航栏、图片排版、商品类型的排版中都需要用到列表标签。本次任务主要是实现衣世界旗舰店主界面设计。

【功能描述】

- 头部包括衣世界的 logo、商家信息和联系商家的按钮；

- 主体包括商品的图片、商品的介绍；
- 底部包括本站点的版权信息。

【基本框架】

基本框架如图 4.1 所示。通过本任务的学习，能将框架图 4.1 转换成效果图 4.2 所示。

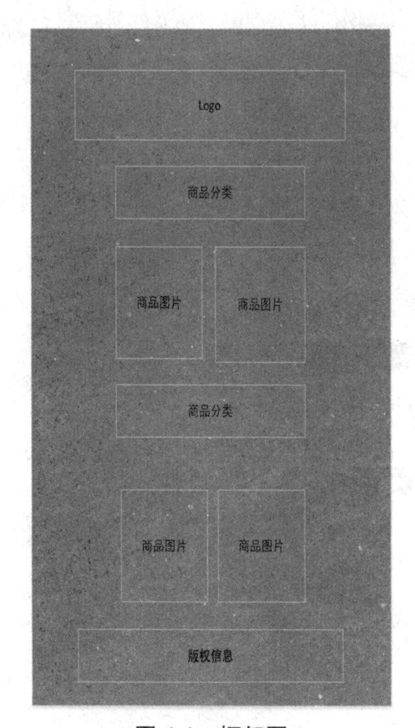

图 4.1　框架图

图 4.2　效果图

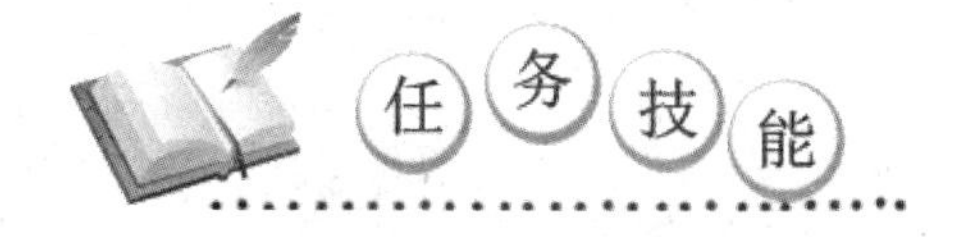

技能点 1　列表的作用

列表标签是 HTML 语言中不可或缺的标签，列表标签在网页布局时起到了关键的作用，在美化页面时，用 CSS 样式对列表进行修饰可以使页面的效果达到我们想要的效果。

技能点 2　HTML5 文本列表标签

列表标签主要分无序列表、有序列表和定义列表三种类型，其中无序列表用 <ul></ul> 标签表示，有序列表用 <ol></ol> 标签表示，定义列表用 <dt></dt> 标签表示。

1　无序列表

无序列表类似于 Word 中的项目符号，无序列表项目排列没有顺序，以符号作为子项的标识，使用一组 <ul></ul> 标签，该标签中包含多组 <li></li> 元素，其中每组均为一个列表。

使用无序列表实现文本排列的效果如图 4.3 所示。

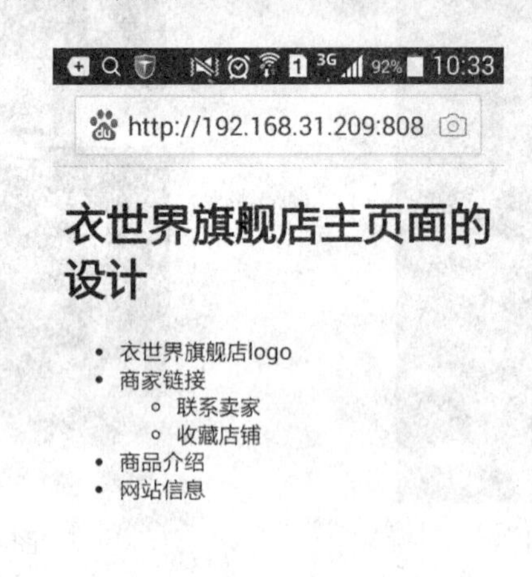

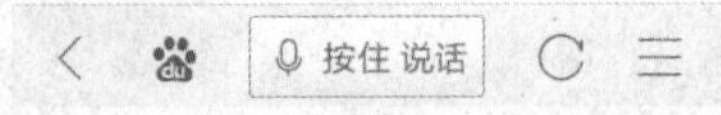

图 4.3　无序列表的应用

为了实现图 4.3 的效果，新建 CORE0401.html，代码如 CORE0401 所示。

代码 CORE0401：无序列表的应用

```
<!doctype html>
<html>
<head>
<meta charset="utf-8">
<meta content="width=device-width, initial-scale=1.0, minimum-scale=1.0, maximum-scale=1.0,user-scalable=no" name="viewport" />
<meta name="format-detection" content="telephone=no"/>
```

```
<meta name="apple-mobile-web-app-status-bar-style" />
<title> 无序列表的使用 </title>
</head>
<body>
<h1> 衣世界旗舰店主页面的设计 </h1>
<ul>
    <li> 衣世界旗舰店 logo</li>
<li> 商家链接
    <ul>
        <li> 联系卖家 </li>
        <li> 收藏店铺 </li>
    </ul>
</li>
<li> 商品介绍 </li>
<li> 网站信息 </li>
</ul>
</body>
</html>
```

2　有序列表

有序列表用 <ol></ol> 标签表示，必须成对出现，列表内容用 <li></li> 标签表示，内容前面的符号一般有：字母、数字和罗马数字等。使用有序列表的效果如图 4.4 所示。

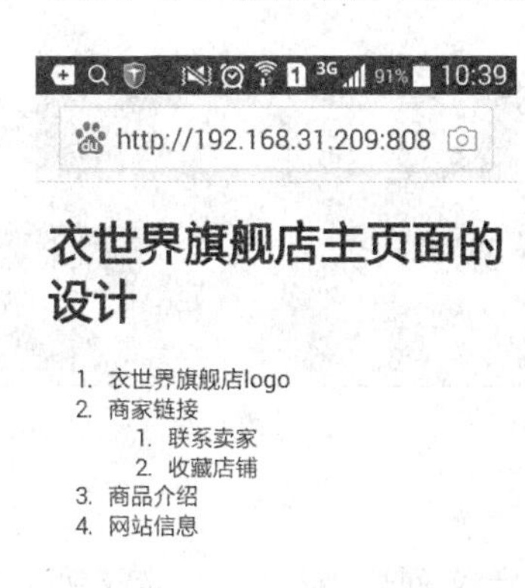

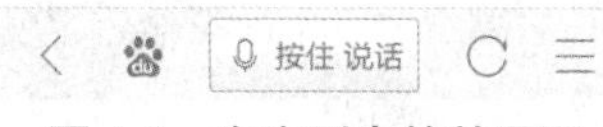

图 4.4　有序列表的效果图

为了实现图 4.4 的效果，新建 CORE0402.html，代码如 CORE0402 所示。

代码 CORE0402：有序列表的应用

```
<!doctype html>
<html>
<head>
<meta charset="utf-8">
<meta content="width=device-width, initial-scale=1.0, minimum-scale=1.0, maximum-scale=1.0,user-scalable=no" name="viewport" />
<meta name="format-detection" content="telephone=no"/>
<meta name="apple-mobile-web-app-status-bar-style" />
<title> 有序列表的使用 </title>
</head>

<body>
<h1> 衣世界旗舰店主页面的设计 </h1>
<ol>
    <li> 衣世界旗舰店 logo</li>
<li> 商家链接
    <ol>
        <li> 联系卖家 </li>
        <li> 收藏店铺 </li>
  </ol>
</li>
<li> 商品介绍 </li>
<li> 网站信息 </li>
</ol>
</body>
</html>
```

3 定义列表

定义列表由自定义列表和自定义列表项组成，自定义列表以 <dl> 标签（definition lists）开始，以 </dl> 标签结束；每个自定义列表项以 <dt>（definition title）开始，以 </dl> 标签结束；每个自定义列表项的定义以 <dd>（definition description）开始，以 </dd> 标签结束。使用定义列表的效果如图 4.5 所示。

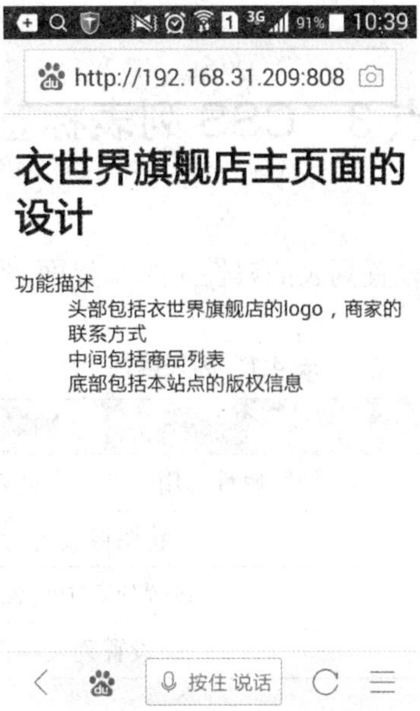

http://192.168.31.209:808

衣世界旗舰店主页面的设计

功能描述

头部包括衣世界旗舰店的logo，商家的联系方式

中间包括商品列表

底部包括本站点的版权信息

按住 说话

图 4.5　定义列表的效果图

为了实现图 4.5 的效果，新建 CORE0403.html，代码如 CORE0403 所示。

代码 CORE0403：定义列表的应用

```
<!doctype html>
<html>
<head>
<meta charset="utf-8">
<meta content="width=device-width, initial-scale=1.0, minimum-scale=1.0, maxi-
mum-scale=1.0,user-scalable=no" name="viewport" />
<meta name="format-detection" content="telephone=no"/>
<meta name="apple-mobile-web-app-status-bar-style" />
<title> 定义列表的应用 </title>
</head>
<body>
<hl> 衣世界旗舰店主页面的设计 </hl>
<dl>
<dt> 功能描述 </dt>
<dd> 头部包括衣世界旗舰店的 logo，商家的联系方式 </dd>
<dd> 中间包括商品列表 </dd>
<dd> 底部包括本站点的版权信息 </dd>
</dl>
</body>
</html>
```

技能点 3　CSS 列表标签属性

在网页中添加列表后，需要设置列表的属性来修饰界面，列表的属性如表 4.1 所示。

表 4.1　列表属性

属性	描述
list-style	简写属性。用于把所有列表属性设置在一个声明中
list-style-image	将图像设置为列表项标志
list-style-position	设置列表中列表项标志的位置
list-style-type	设置列表项标志的类型

1　list-style-image 属性

list-style-image 是定义列表内容前显示的图片的属性，使用 list-style-image 属性效果如图 4.6 所示。

图 4.6　list-style-image 属性效果图

为了实现图 4.6 的效果，新建 CORE0404.html，代码如 CORE0404 所示。

代码 CORE0404：list-style-image 属性应用

```
<!doctype html>
<html>
<head>
<meta charset="utf-8">
<meta  content="width=device-width,  initial-scale=1.0,  minimum-scale=1.0,  maxi-
mum-scale=1.0,user-scalable=no" name="viewport" />
<meta name="format-detection" content="telephone=no"/>
<meta name="apple-mobile-web-app-status-bar-style"  />
<title> list-style-image 属性应用 </title>
<style>
.image{
    list-style-image:url(1.png);}
</style>
</head>
<body>
<h4>list-type-image</h4>
<ul class="image">
<li> 头部包括衣世界旗舰店的 logo，商家的联系方式 </li>
<li> 中间包括商品列表 </li>
<li> 底部包括本站点的版权信息 </li>
</ul>
</body>
</html>
```

2　list-style-position 属性

list-style-position 是定义列表项位置的属性，其属性值为：outside、inside。使用 list-style-position 属性的效果如图 4.7 所示。

图 4.7 list-style-position 属性效果图

为了实现图 4.7 的效果，新建 CORE0405.html，代码如 CORE0405 所示。

代码 CORE0405：list-style-position 属性应用

```
<!doctype html>
<html>
<head>
<meta charset="utf-8">
<meta content="width=device-width, initial-scale=1.0, minimum-scale=1.0, maximum-scale=1.0,user-scalable=no" name="viewport" />
<meta name="format-detection" content="telephone=no"/>
<meta name="apple-mobile-web-app-status-bar-style" />
<title> list-style-position 属性应用 </title>
<style>
.inside{
    list-style-position:inside;}/ * 列表项目在文本以外 */
.outside{
    list-style-position:outside;} / * 列表项目在文本以内 */
</style>
</head>
```

```
<body>
<h4>list-style-position:inside</h4>
<ul class="inside">
<li> 头部包括衣世界旗舰店的 logo</li>
<li> 中间包括搜索商品列表 </li>
<li> 底部包括本站点的版权信息 </li>
</ul>
<h4>list-style-position:outside</h4>
<ul class="ouside">
<li> 头部包括衣世界旗舰店的 logo</li>
<li> 中间包括商品列表 </li>
<li> 底部包括本站点的版权信息 </li>
</ul>
</body>
</html>
```

3　list-style-type 属性

list-style-type 为列表显示类型，该属性有 9 种常见属性值，如表 4.2 所示。

表 4.2　list-style-type 属性

值	描述
disc	默认值。实心圆
circle	空心圆
square	实心方块
decimal	阿拉伯数字
lower-roman	小写罗马数字
upper-roman	大写罗马数字
lower-alpha	小写英文字母
upper-alpha	大写英文字母
none	不使用项目符号

使用 list-style-type 的效果如图 4.8 所示。

10:44

http://192.168.31.209:808

头部包括衣世界旗舰店的logo
中间包括商品列表
底部包括本站点的版权信息

- 头部包括衣世界旗舰店的logo
- 中间包括商品列表
- 底部包括本站点的版权信息

○ 头部包括衣世界旗舰店的logo
○ 中间包括商品列表
○ 底部包括本站点的版权信息

▪ 头部包括衣世界旗舰店的logo
▪ 中间包括商品列表
▪ 底部包括本站点的版权信息

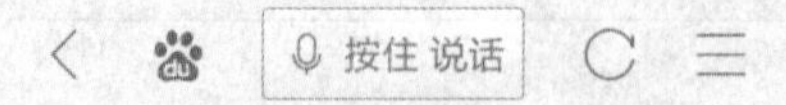

图 4.8　list-style-type 的应用效果图

为实现图 4.8 的效果，新建 CORE0406.html，代码如 CORE0406 所示。

代码 CORE0406：list-style-type 属性应用

```
<!doctype html>
<html>
<head>
<meta charset="utf-8">
<meta content="width=device-width, initial-scale=1.0, minimum-scale=1.0, maximum-scale=1.0,user-scalable=no" name="viewport" />
<meta name="format-detection" content="telephone=no"/>
<meta name="apple-mobile-web-app-status-bar-style" />
<body>
 <title> list-style-type 属性应用 </title>
<style>
    ul.none {list-style-type: none}
    ul.disc {list-style-type: disc}
    ul.circle {list-style-type: circle}
    ul.square {list-style-type: square}
</style>
</head>
```

```
<body>
<ul class="none">
     <li> 头部包括衣世界旗舰店的 logo</li>
     <li> 中间包括商品列表 </li>
     <li> 底部包括本站点的版权信息 </li>
</ul>
<ul class="disc">
     <li> 头部包括衣世界旗舰店的 logo</li>
     <li> 中间包括商品列表 </li>
     <li> 底部包括本站点的版权信息 </li>
</ul>
<ul class="circle">
     <li> 头部包括衣世界旗舰店的 logo</li>
     <li> 中间包括商品列表 </li>
     <li> 底部包括本站点的版权信息 </li>
</ul>
<ul class="square">
     <li> 头部包括衣世界旗舰店的 logo</li>
     <li> 中间包括商品列表 </li>
     <li> 底部包括本站点的版权信息 </li>
</ul>
</body>
</html>
```

提示：想了解或学习列表的其他属性，扫描图中二维码，获得更多信息。

列表的其他属性

技能点4 HTML5创建表格

1 表格的基本结构

在编写页面时,表格标签是非常重要的标签,在美化界面是经常用表格标签来对文字和图片进行排版。在HTML中用<table>标签表示表格,表格标签必须成对出现,<tr></tr>是表格的行标签,<td></td>是表格的单元格标签,表示表格的一行有多少个单元格和每个单元格的内容。创建一个三行二列的表格效果如图4.9所示。

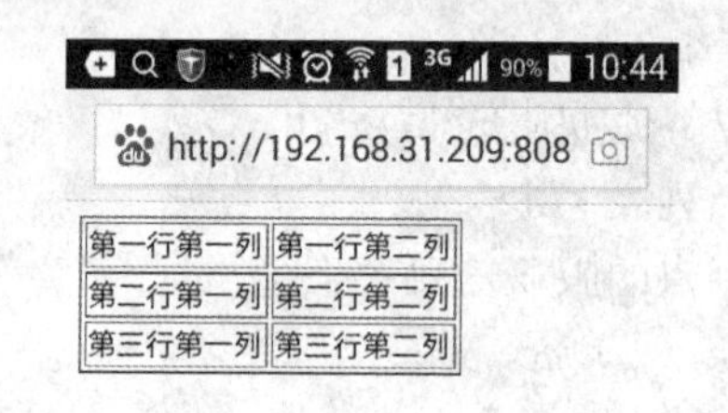

图4.9 三行二列的表格效果图

实现图4.9的效果,新建CORE0407.html,代码如CORE0407所示。

代码CORE0407:表格应用案例

```
<!doctype html>
<html>
<head>
<meta charset="utf-8">
<meta content="width=device-width, initial-scale=1.0, minimum-scale=1.0, maxi-
mum-scale=1.0,user-scalable=no" name="viewport" />
<meta name="format-detection" content="telephone=no"/>
<meta name="apple-mobile-web-app-status-bar-style" />
<body>
```

```
    <title> 表格 </title>
   </head>
   <body>
   <table border="1">
        <tr>
        <td> 第一行第一列 </td>
        <td> 第一行第二列 </td>
        </tr>
   <tr>
        <td> 第二行第一列 </td>
        <td> 第二行第二列 </td>
        </tr>
   <tr>
        <td> 第三行第一列 </td>
        <td> 第三行第二列 </td>
   </tr>
   </table>
   </body>
   </html>
```

2　定义表头单元格

表格中常见的表头单元格分为垂直和水平两种。创建垂直和水平的表头单元格的表格效果如图 4.10 所示。

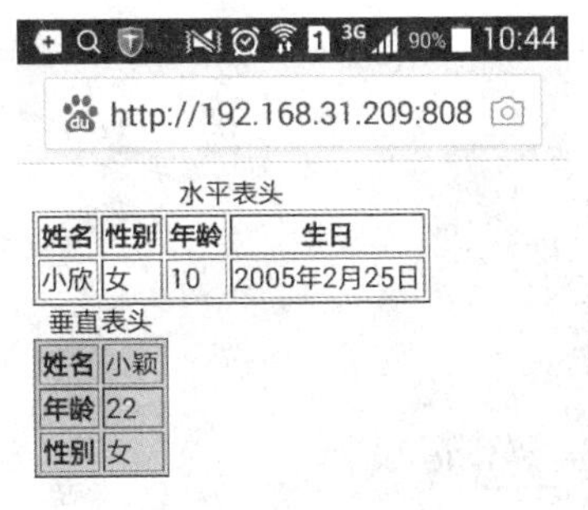

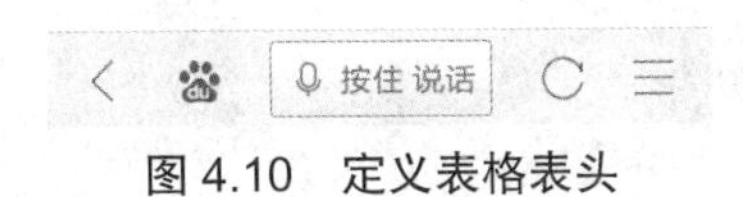

图 4.10　定义表格表头

实现图 4.10 的效果，新建 CORE0408.html，代码如 CORE0408 所示。

代码 CORE0408：表格表头应用案例

```
<!doctype html>
<html>
<head>
<meta charset="utf-8">
<meta content="width=device-width, initial-scale=1.0, minimum-scale=1.0, maxi-
mum-scale=1.0,user-scalable=no" name="viewport" />
<meta name="format-detection" content="telephone=no"/>
<meta name="apple-mobile-web-app-status-bar-style" />
<body>
<title> 表格表头应用案例 </title>
</head>
<body>
<table border="1">
    <caption> 水平表头 </caption>
<tr>
    <th> 姓名 </th>
    <th> 性别 </th>
    <th> 年龄 </th>
    <th> 生日 </th>
</tr>
<tr>
    <td> 小欣 </td>
    <td> 女 </td>
    <td>10</td>
<td>2005 年 2 月 25 日 </td>
</tr>
</table>
<table border="1" bgcolor="#dcdcdc">
    <caption> 垂直表头 </caption>
<tr>
<th> 姓名 </th>
<td> 小颖 </td>
</tr>
<tr>
<th> 年龄 </th>
```

```
<td>22</td>
      </tr>
<tr>
<th> 性别 </th>
<td> 女 </td>
</tr>
</table>
</body>
</html>
```

3　合并单元格

在 HTML5 中合并单元格的两种方式为：上下合并单元格、左右合并单元格。合并单元格的属性值为 colspan、rowpan。

colspan 左右合并单元格代码如下：

```
<table>
      <tr>
            <td colspan="3"></td>
            // 数字代码几个单元格进行左右合并
      </tr>
</table>
```

rowspan 上下合并单元格代码如下：

```
<table>
      <tr>
            <td rowspan="3"></td>
            // 数字代码几个单元格进行上下合并
      </tr>
</table>
```

使用单元格左右合并和上下合并效果如图 4.11 所示。

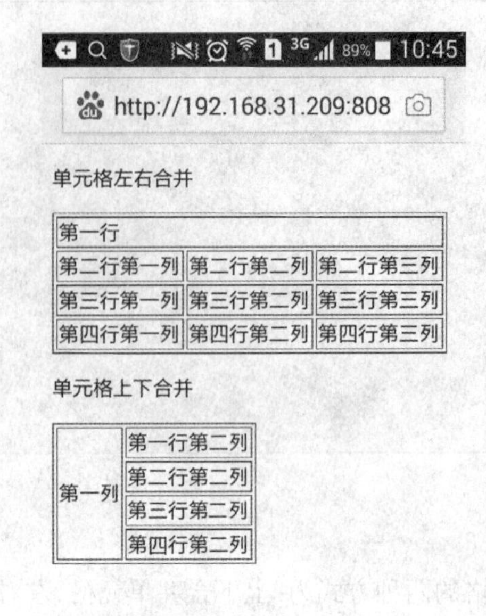

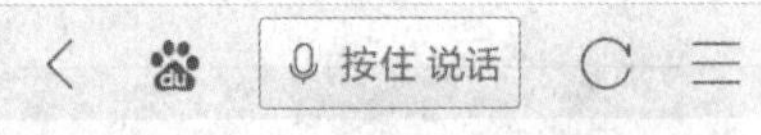

图 4.11 合并单元格

实现图 4.11 的效果，新建 CORE0409.html，代码如 CORE0409 所示。

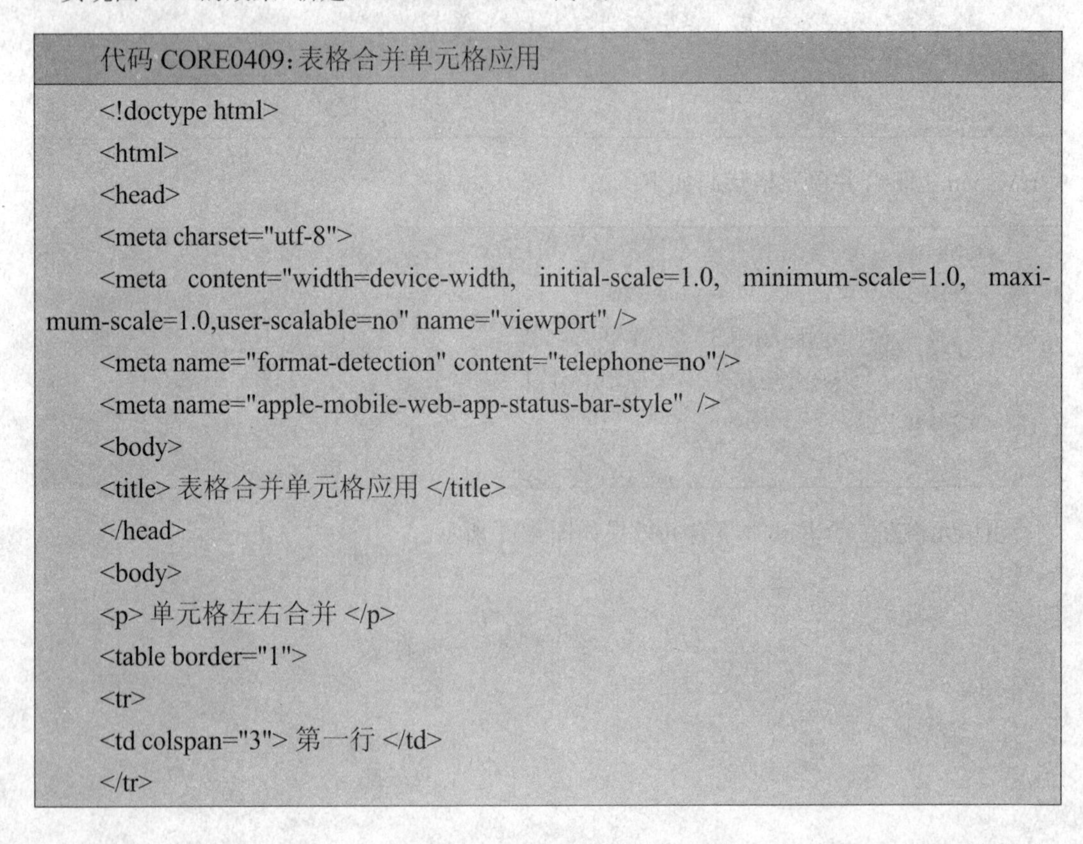

代码 CORE0409：表格合并单元格应用

```
<!doctype html>
<html>
<head>
<meta charset="utf-8">
<meta content="width=device-width, initial-scale=1.0, minimum-scale=1.0, maxi-
mum-scale=1.0,user-scalable=no" name="viewport" />
<meta name="format-detection" content="telephone=no"/>
<meta name="apple-mobile-web-app-status-bar-style" />
<body>
<title> 表格合并单元格应用 </title>
</head>
<body>
<p> 单元格左右合并 </p>
<table border="1">
<tr>
<td colspan="3"> 第一行 </td>
</tr>
```

```
<tr>
<td> 第二行第一列 </td>
<td> 第二行第二列 </td>
<td> 第二行第三列 </td>
</tr>
<tr>
<td> 第三行第一列 </td>
<td> 第三行第二列 </td>
<td> 第三行第三列 </td>
</tr>
<tr>
<td> 第四行第一列 </td>
<td> 第四行第二列 </td>
<td> 第四行第三列 </td>
</tr>
</table>
<P> 单元格上下合并 </P>
<table border="1">
<tr>
<td rowspan="4"> 第一列 </td>
<td> 第一行第二列 </td>
</tr>
<tr>
<td> 第二行第二列 </td>
</tr>
<tr>
<td> 第三行第二列 </td>
</tr>
<tr>
<td> 第四行第二列 </td>
</tr>
</table>
</body>
</html>
```

技能点 5　CSS 定位

CSS 定位属性的属性值为：relative、absolute、fixed、static，其中最常用的两个属性值为 relative、absolute。position 属性如表 4.3 所示。

表 4.3　position 属性

属性	描述
relative	相对定位，定位的起始位置为此元素原先在文档流的位置
absolute	绝对定位，定位的起始位置为最近的父元素 (postion 不为 static)，否则为 body 文档本身
fixed	固定定位，类似于 absolute，但不随着滚动条的移动而改变位置
static	默认值；默认布局

1　relative 属性

relative 属性为相对定位，脱离文档流的布局，但还在文档流原先的位置遗留空白区域。定位的起始位置为此元素原先在文档流的位置。relative 属性的应用效果如图 4.12 所示。

图 4.12　相对定位效果图

实现图 4.12 的效果，新建 CORE0410.html，代码如 CORE0410 所示。

代码 CORE0410：相对定位应用案例

```
<!doctype html>
<html>
<head>
<meta charset="utf-8">
<meta content="width=device-width, initial-scale=1.0, minimum-scale=1.0, maxi-
mum-scale=1.0,user-scalable=no" name="viewport" />
<meta name="format-detection" content="telephone=no"/>
<meta name="apple-mobile-web-app-status-bar-style" />
<body>
<title> 相对定位应用案例 </title>
<style type="text/css">
        html body
        {
            margin: 0px;/* 外边距为 0px*/
            padding: 0px;/* 内边距为 0px*/
        }
        #parent
        {
            width: 280px;
            height: 250px;
            border: solid 5px black;/* 边框宽度为 实线 5px 黑色 */
            padding: 0px;/* 内边距为 0px*/
            position: relative;/* 相对定位 */
            background-color:#CCC;/* 背景颜色为灰色 */
            top:30px;
            left: 20px;
        }
        #sub1
        {
            width: 150px;
            height: 200px;
            background-color:#000;/* 背景颜色为绿色 */
        }
        #sub2
        {
```

```
            width: 150px;
            height:200px;
            background-color:#fff;/* 背景颜色为黄色 */
        }
</style>
</head>
<body>
<div id="parent">
<div id="sub1">
</div>
<div id="sub2">
</div>
</div>
</body>
</html>
```

当我们修改一下 Div Sub1 的样式：

```
#sub1
        {
            width: 100px;
            height: 100px;
            background-color:#0F0;/* 背景颜色为绿色 */
            position: relative; /* 相对定位 */
            top: 15px;
            left: 15px;
        }
```

结果如图 4.13。我们会发现 Sub1 进行了偏移，并不影响 Sub2 的位置，同时遮盖住了 Sub2，切记偏移并不是相对于 Div Parent 的，而是相对于 Sub1 原有的位置。

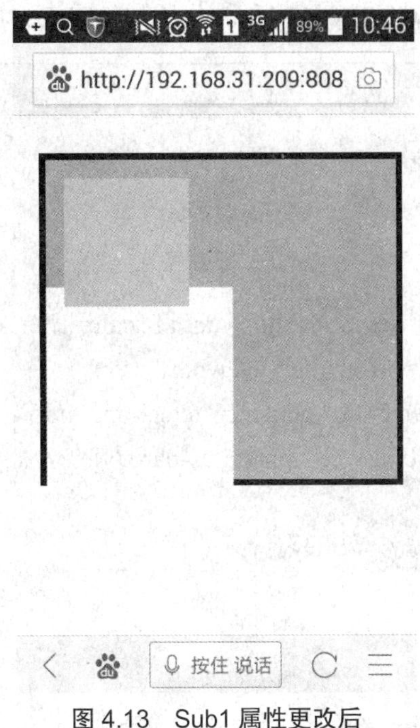

图 4.13　Sub1 属性更改后

2　absolute 属性

absolute 属性用于绝对定位，脱离文档流的布局，遗留下来的空间由后面的元素填充。定位的起始位置为最近的父元素（postion 不为 static），否则为 body 文档本身。absolute 属性应用效果如图 4.14 所示。

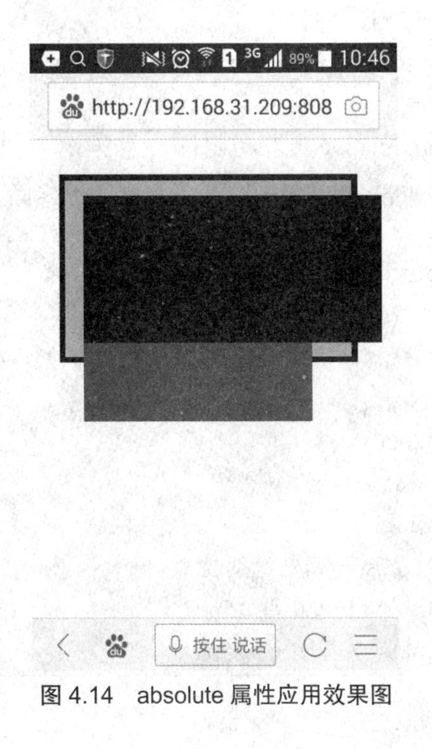

图 4.14　absolute 属性应用效果图

实现图 4.14 的效果，新建 CORE0411.html，代码如 CORE0411 所示。

代码 CORE0411：绝对定位应用案例

```
<!doctype html>
<html>
<head>
<meta charset="utf-8">
<meta  content="width=device-width,  initial-scale=1.0,  minimum-scale=1.0,  maxi-
mum-scale=1.0,user-scalable=no" name="viewport" />
<meta name="format-detection" content="telephone=no"/>
<meta name="apple-mobile-web-app-status-bar-style"  />
<body>
<title> 绝对定位应用案例 </title>
<style type="text/css">
        html body
        {
            margin: 0px;/* 外边距为 0px*/
            padding: 0px;/* 内边距为 0px*/
        }
        #parent
        {
            width: 250px;
            height:150px;
            border: solid 5px black;/* 边框宽度为 5px 实线  黑色 */
            padding: 0px;/* 内边距为 0px*/
            position: relative;/* 相对定位 */
            background-color:#CCC;/* 背景颜色为灰色 */
            top: 30px;
            left: 25px;
        }
        #sub1
        {
            width: 200px;
            height: 185px;
            background-color:#06F;
            position: absolute;/* 绝对位置 */
            top: 20px;/* 上边距离 15px*/
            left: 16px;/* 左边距离 15px*/
```

```
        }
        #sub2
        {
            width: 260px;
            height: 125px;
            background-color:#000;
            position: absolute;
            top: 13px;
            left: 16px;
        }
</style>
</head>
<body>
<div id="parent">
<div id="sub1">
</div>
<div id="sub2">
</div>
</div>
</body>
</html>
```

通过下面六个步骤，实现图 4.2 所示的衣世界旗舰店主界面。

第一步：打开 Sublime Text2 软件，如图 4.15 所示。

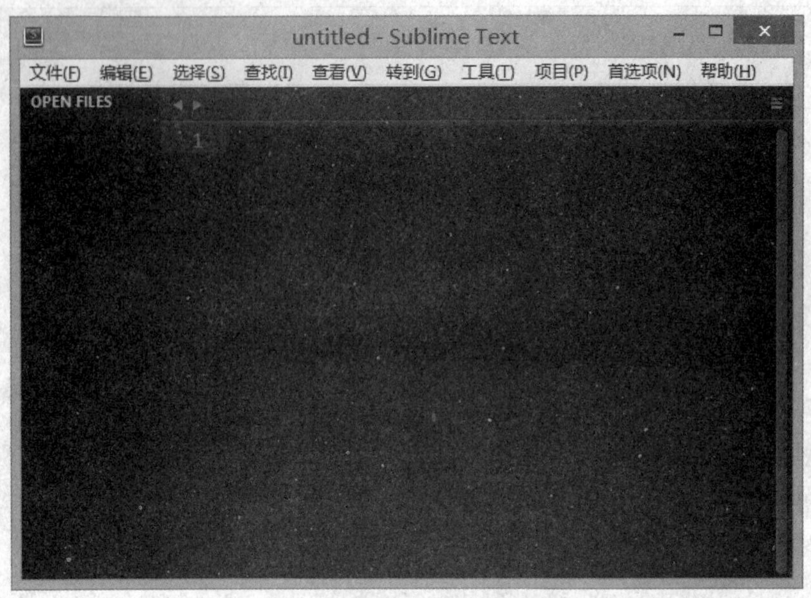

图 4.15 Sublime Text2 界面

第二步：点击创建并保存为 CORE0412.html 文件。

第三步：在 <head> 里面添加 <meta> 标签，使网页适应手机屏幕宽度。代码如 CORE0412 所示。

代码 CORE0412：<meta> 标签

```
<meta content="width=device-width, initial-scale=1.0, minimum-scale=1.0, maxi-
mum-scale=1.0,user-scalable=no" name="viewport" />
<meta name="format-detection" content="telephone=no"/>
<meta name="apple-mobile-web-app-status-bar-style" />
```

第四步：头部制作。

衣世界旗舰店主界面的头部包括旗舰店的 logo 和店铺标题两部分，其中店铺的 logo 是作为背景图片添加到界面中，插入标题代码 CORE0413 如下，效果如图 4.16 所示。

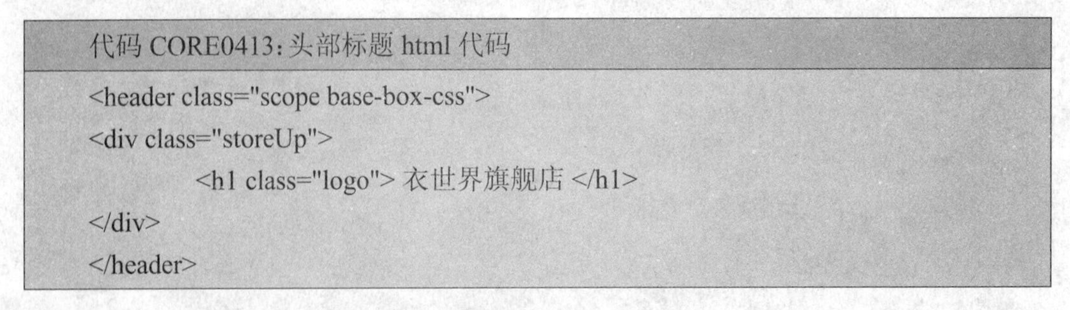

代码 CORE0413：头部标题 html 代码

```
<header class="scope base-box-css">
<div class="storeUp">
        <h1 class="logo"> 衣世界旗舰店 </h1>
</div>
</header>
```

美化头部。给标题添加样式，代码 CORE0414 如下，效果如图 4.17 所示。

图 4.16　头部设置样式前　　图 4.17　头部设置样式后

代码 CORE0414：头部标题 CSS 样式

```
@charset "utf-8";
*{margin:0; padding:0; border:none;}
body{font-family: ' 宋体 ',MicrosofYaHei,Tahoma,Arial,sans-serif;
        color:#555;
        background-color:#F7F7F7;
}
.logo{
    font-size:26px;
    font-family:Verdana, Geneva, sans-serif;
    margin-left:250px;
    margin-top:10px;
    }
.storeInfo .storeUp {
    width: 100%;
    overflow: hidden; /* 隐藏溢出 */
    background-image:url(images/fspbm2_430x270_00.png);
    height:60px;
    }
```

第五步：添加页面主体。

界面的主体包括：商品推荐标题、商品图片和介绍，代码 CORE0415 如下所示，效果如

图 4.18 所示。

代码 CORE0415：主体部分 html 代码

```
<!-- 店铺信息 -->
<section>
<ul class="classify-con">
<li style="border-color:#ff5e5b;"></li>
<li style="background:#ff5e5b;"> <a href="#"><i> 休闲女装 </i></li>
<li style="border-color:#ff5e5b;"></li>
</ul>
<div class="adv-pictures">
<ul class="fix">
<li>
<img src="images/04.png"/></li>
<li>
<img src="images/05.jpg"/></li>
            <div style="clear:both"></div>
                  <li> 超值推荐 </li>
                  <li> 休闲 T 恤 </li>
</ul>
</div>
</section>
```

图 4.18　主体设置样式前

图 4.19　主体信息设置样式后

设置主体部分的样式，代码 CORE0416 如下，效果如图 4.19 所示。

代码 CORE0416：主体 CSS 代码

```
/* 店铺信息 */
.classify-con {
    position: relative;
    width: 50%;
    height: 25px;
    margin: 0px auto 0px auto;
}
.classify-con li {
    position: absolute;
}
.classify-con li:nth-child(2) {
    width:100%;
    height: 25px;
    background: #ff5e5a;
    border-radius: 20px;
    text-align: center;
}
.classify-con li a {
    color: #fff;
    font-size: 15px;
}
.classify-con li a:hover {
    text-decoration: none;
}
.classify-con li a i {
    float: center;
    margin-left: 10px;
    height: 32px;
    width: 100%;
    overflow: hidden;
}
.classify-con li a span {
    margin-left: 10px;
    font-size: 12px;
}
```

```
.classify-con li a span em {
        margin-left: 6px;
        font-family: "\5b8b\4f53";
}
.adv-pictures {
        width: 100%;
        margin: 10px 10px 0px 5px;
        height:auto;
        display: table;
        float:center;
}
.adv-pictures ul li {
        float: left;
        width: 50%;
        margin-bottom: 8px;
        text-align: left;
}
/* 三档文字大小 */
@media (max-width:399px){
html{font-size: 15px;}
}
@media (min-width: 400px) and (max-width:480px){
html{font-size: 20px;}
}
@media (min-width: 481px){
html{font-size: 25px;}
}
```

第六步：添加底部信息。

添加网站信息，代码 CORE0417 如下，效果如图 4.20 所示。

代码 CORE0417：搜索引擎框 HTML 代码

```
<footer class="scope base-box-css">Copyright © 2016 天津 </footer>
```

图 4.20　底部网站信息设置样式前

设置底部信息的样式，代码 CORE0418 如下，效果如图 4.2 所示。

代码 CORE0418：底部网站信息的样式

```
footer{
    font-size:0.72rem;
    text-align:center;
    line-height:150%;
    margin-top:1rem;
    padding-bottom:0.4rem;
    font-family:" 微软雅黑 ";
    color:#000;}
```

至此，衣世界旗舰店主界面制作完成。

【拓展目的】

熟悉列表标签的属性和样式、表格的使用和属性。

【拓展内容】

利用本任务介绍的技术和方法，制作选用商品列表界面，效果如图 4.21 所示。

图 4.21 选用商品列表界面效果图

【拓展步骤】

（1）设计思路。

将网页分成两部分：头部为标题，主体部分为商品列表。

（2）HTML 部分代码 CORE0419 如下：

代码 CORE0419：HTML 主要代码

```
<body>
<header class="header">
<p class="header-title"> 选用商品列表 </p>
<div class="left-head">
<a id="goBack" href="javascript:history.go(-1);" class="tc_back">
<span class="inset_shadow">
<span class="header-return"></span>
</span>
</a>
</div>
</header>
<section class="layout w" style="margin:10px auto;">
 <ul class="jhy1 wbox">
<li> <a href="javascript:void(0);" onclick="">
```

```
<img src="images/01.jpg" alt="" />
<p> 魅族 PRO 5  ES9018K2M 高端芯片，专业级音频运动！</p>
<span class="snPrice">&yen;<em>3099.00</em></span> </a>
</li>
<li> <a href="javascript:void(0);" onclick="">
<img src="images/02.jpg" alt="" />
<p>iphone SE  双卡双待，四核高速处理器 </p>
<span class="snPrice">&yen;<em>2000.00</em></span> </a>
</li>
</ul>
<ul class="jhy1 wbox">
<li> <a href="javascript:void(0);" onclick="">
<img src="images/03.jpg" alt="" />
<p>vivo XPLAY5  双面曲屏，128g 内存，流光炫彩后盖 </p>
<span class="snPrice">&yen;<em>1198.00</em></span> </a>
</li>
<li> <a href="javascript:void(0);" onclick="">
<img src="images/04.jpg" alt="" />
<p>OPPO R9 在采用 1.66 毫米超窄白边＋黑边边框，新型 U 型轨喷胶工艺，新一
代超窄边屏幕 </p>
<span class="snPrice">&yen;<em>2499.00</em></span> </a>
</li>
</ul>
</section>
```

（3）CSS 主要代码 CORE0420 如下：

代码 CORE0420：CSS 主要代码

```
*{
    padding:0px;
    margin:0px;
}
a {
    color: #666;
}
body{
    font-size:14px;}
table {
```

```
        overflow: hidden;
        border: 1px solid #d3d3d3;
        background: #fefefe;
        width: 96%;
        -moz-border-radius: 5px;
        -webkit-border-radius: 5px;
        border-radius: 5px;
        -moz-box-shadow: 0 0 4px rgba(0, 0, 0, 0.2);
        -webkit-box-shadow: 0 0 4px rgba(0, 0, 0, 0.2);
        margin-top: 5px;
        margin-right: auto;
        margin-bottom: 5px;
        margin-left: auto;
}
td {
        padding: 8px 10px 8px;
        text-align: left;
}
th {
        text-align: center;
        padding: 10px 15px;
        text-shadow: 1px 1px 1px #fff;
        background: #e8eaeb;
}
td {
        border-top: 1px solid #ccc;
        border-right: 1px solid #ccc;
}
th {
        border-right: 1px solid #ccc;
}
td.last {
        text-align:center;
border-right: none;
}
td {
        background: -moz-linear-gradient(100% 25% 90deg, #fefefe, #f9f9f9);
        background: -webkit-gradient(linear, 0% 0%, 0% 25%, from(#f9f9f9), to(#fefefe));
```

```
}
th {
    background: -moz-linear-gradient(100% 20% 90deg, #e8eaeb, #ededed);
    background: -webkit-gradient(linear, 0% 0%, 0% 20%, from(#ededed), to(#e8eaeb));
}
tr:first-child th.first {
    -moz-border-radius-topleft: 5px;
    -webkit-border-top-left-radius: 5px;
}
```

通过本次任务的学习，掌握 HTML5 列表标签、CSS 列表属性、表格属性和定位属性等，学会在网页中合理的使用列表、表格和 CSS 定位属性展示相关信息，学会了应用列表、表格以及 CSS 定位设计商品信息展示网页的方法。

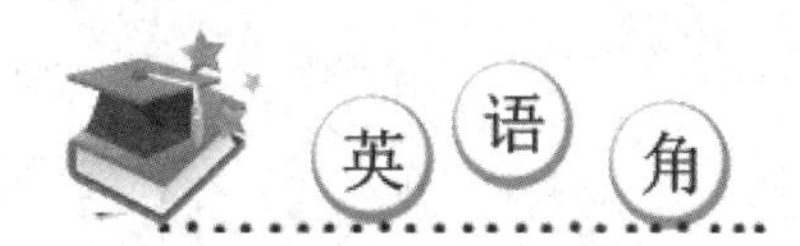

frame　画面、框架
horizontal　水平的
vertical　垂直的
order　命令
list　列表
type　类型
start　开始
define　定义
table　表格

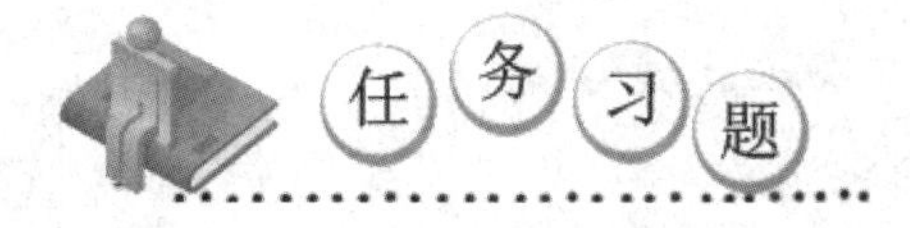

一、选择题

1.<ul> 默认的项目符号是（　　）。
（A）空心圆　（B）实心圆　（C）实心正方形　（D）空心正方形
2.<dd>、<dt>、<dl> 三个元素的关系是（　　）。
（A）<dl> 是 <dd> 的父元素，而 <dd> 是 <dt> 的父元素

（B）<dl> 是 <dt> 的父元素，而 <dt> 是 <dd> 的父元素

（C）<dl> 是 <dd> 和 <dt> 的父元素

（D）<dl> 是 <dt> 的父元素，<dl> 表示自定义列表，<dt> 表示列表项，而 HTML 中根本就没有 <dd> 这个元素

3. CSS 列表标签中（　　）属性可以设置列表的显示类型。

（A）list-style-image

（B）list-style-position

（C）list-style-type

4. HTML5 文本列表标签有（　　）。

（A）无序列表　　（B）有序列表　　（C）定义列表　　（D）以上都是

5. position 属性中属于相对定位的是（　　）。

（A）relative　　（B）absolute　　（C）fixed

二、上机题

使用无序列表实现水平导航和垂直导航。

项目五　携程旅游用户注册界面设计

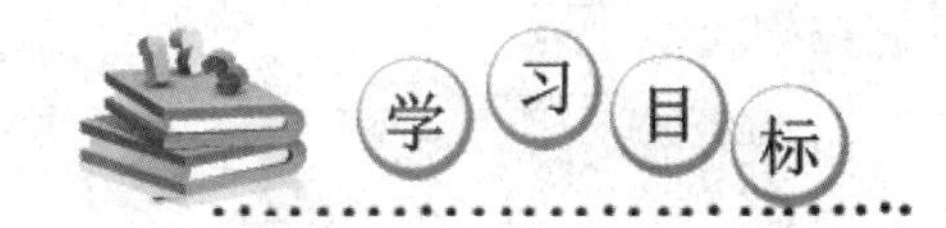

通过实现携程旅游用户注册界面，学习表单的类型及相关属性，以及使用 CSS3 改变表单外观的技能，在任务实现过程中：

- 了解表单的概念；
- 了解表单元素的类型和属性；
- 掌握 CSS3 设置表单的外观。

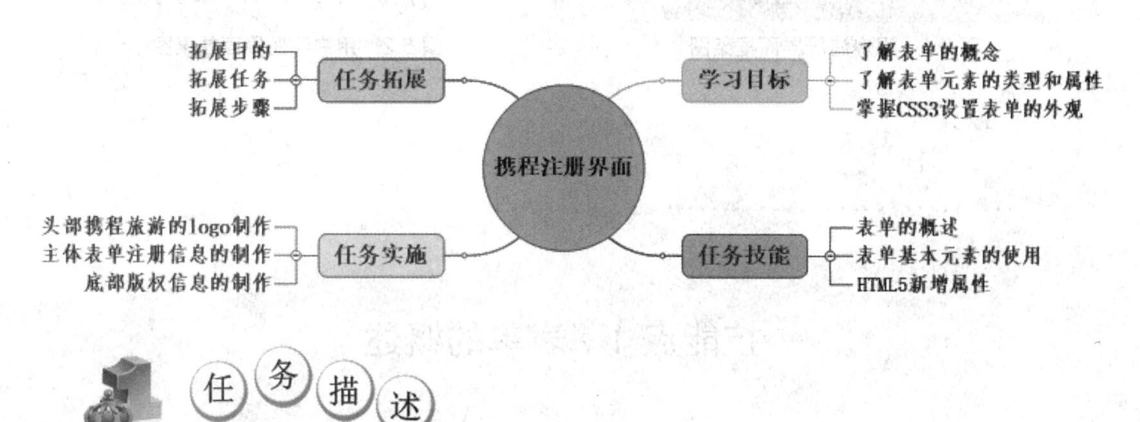

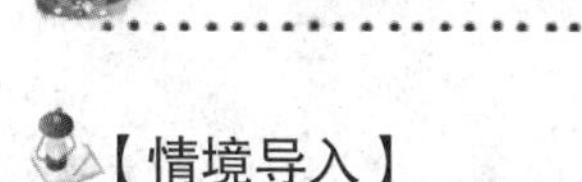

【情境导入】

随着网络的发展，浏览网站已经成为人们生活中必不可少的一部分，然而当我们进入一个新的网站时通常需要先注册一个账号然后再登录账号。我们所见到的登录、注册页面通常是使用 HTML 中表单部分的知识来编写的。本次任务主要是实现携程旅游用户注册界面设计。

【功能描述】

- 头部包括携程旅游的 logo；
- 主体包括用户名、手机号、密码、邮箱、地址、验证码和注册按钮；

- 底部包括网站信息。

【基本框架】

基本框架图如图 5.1 所示。通过本任务的学习，能将框架图 5.1 转换成效果图 5.2。

图 5.1　用户注册界面框架图

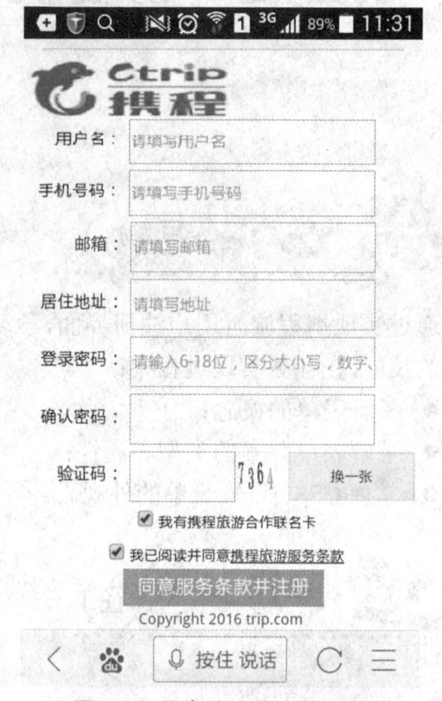

图 5.2　用户注册界面效果图

技能点 1　表单的概述

1　表单的介绍

在编写网站的登录注册页面时，表单的应用非常重要，表单的主要作用就是收集用户的信息，例如：在一个购物网站上购物，购物之前需要注册一个该网站的账号，用户需要输入自己的个人信息，包括姓名、性别、邮箱、地址等信息。

表单中的按钮标签主要是实现用户信息储存的功能，当用户点击按钮之后用户的信息会储存到服务器中，然后由服务器将用户信息上传到数据库中或者将相关信息返回到主页面中。

2　表单的语法和属性

表单的标签为 <form></form> 标签，表单的五个常用属性分别为：name、method、action、enctype、target。代码的基本格式为：<form name="biaodan"method="get"action="url"enctype="value"target="self"></form>，在 HTML5 中新增加的属性有：autocomplete、novalidate，<form> 标签的属性如表 5.1 所示。

表 5.1　<form> 标签属性

属性	描述
name	表单的名称
method	定义表单结果从浏览器传送到服务器的方法，一般有两种方法：get 和 post
action	用来定义表单处理程序（ASP、CGI 等程序）的位置（相对地址或绝对地址）
enctype	设置表单资料的编码方式
target	设置返回信息的显示方式
accept-charset	规定服务器可处理的表单数据字符集
autocomplete	规定是否启用表单的自动完成功能，有 on 和 off 两个值
novalidate	设置了该特性不会在表单提交之前对其进行验证

```
<form action="aa.asp" method="post" id="user-form">
  姓名 :<input type="text" name="fname">
  < input type="submit">
</form>
```

上述代码定义了表单的 id 为 user-form，表单的传递方式为 post，表单传递后的数据由 aa.asp 文件来处理。method 属性有 post 和 get 两个值，post 表示将所有表单元素的数据打包进行传递；get 表示需要将参数数据队列加到提交表单的 action 属性所指的 URL 中，值和表单内各个字段一一对应。在 <form> 标签的 7 种标记如表 5.2 所示。

表 5.2　<form> 标记

标记	描述
<input>	定义输入域
<select>	定义一个选择列表
<option>	定义一个下拉列表中的选项
<textarea>	定义一个文本域（一个多行）的输入控件
<fieldset>	定义域
<legend>	定义域标题
<optgrounp>	定义选项组

技能点 2　表单基本元素的使用

表单元素中表单域的作用是让用户在表单中输入信息，例如输入框、密码框、文本域、单选按钮、复选框、普通按钮等。

1　文本输入框

<input type="text"> 标签是文本输入框的标签，文本输入框允许用户输入和编辑文本，文本输入框的常见属性及含义如表 5.3 所示。

表 5.3　文本输入框的属性及含义

属性值	含义
id	标示一个文本框
name	文本框名
value	文本框的初始值
size	文本框的长度
maxlength	在单行文本框中能够输入最大的字符数

使用文本输入框的效果如图 5.3 所示。

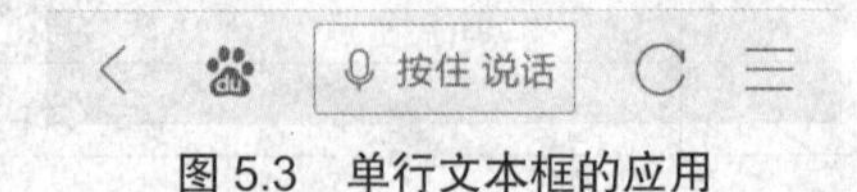

图 5.3　单行文本框的应用

为了实现图 5.3 的效果，新建 CORE0501.html，代码如 CORE0501 所示。

代码 CORE0501：文本输入框的应用

```
<!doctype html>
<html>
<head>
<meta charset="utf-8">
<meta content="width=device-width, initial-scale=1.0, minimum-scale=1.0, maxi-mum-scale=1.0,user-scalable=no" name="viewport" />
<meta name="format-detection" content="telephone=no"/>
<meta name="apple-mobile-web-app-status-bar-style" />
<title> 文本框的应用 </title>
<style>
.form{
        width:100%;
        background-color:#dcdcdc;
        text-align:center;
        }
input{
        width:70%;
        border:#000 1px solid;}
</style>
</head>
<body>
<div class="form">
<h2> 携程旅游用户注册 </h2>
    <form action="aa.asp" method="post" id="user-form">
    用户名 :<input type="text" name="fname" size="20" maxleght="15" value=" 请输入您的姓名 "><br><br>
    密码 :<input type="text" name="fpassword" size="20" maxlength="20"><br><br>
    联系方式 :<input type="text" name="ftelephone" size="20" maxlength="20"><br><br>
</form>
</div>
</body>
</html>
```

2　密码输入框

密码输入框是一种特殊的文本输入框，主要用于输入保密信息，在浏览器中显示为黑点或者其他符号，增加了文本输入框的安全性。使用密码框的效果如图 5.4 所示。

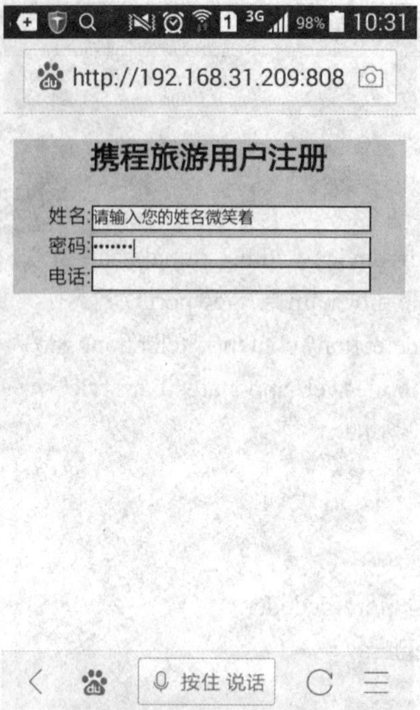

图 5.4 密码框的效果

为了实现图 5.4 的效果，新建 CORE0502.html，代码如 CORE0502 所示。

代码 CORE0502：密码框的应用

```
<form action="aa.asp" method="post" id="user-form">
姓名 :<input type="text" name="fname" size="20" maxleght="15" value=" 请输入您的姓名 "><br>
密码 :<input type="password" name="fpassword" size="20" maxlength="20"><br>
电话 :<input type="text" name="ftelephone" size="20" maxlength="20">
</form>
```

3 文本域

<textarea></textarea> 标签是文本域的标签，设置文本域的大小有两种方式：

（1）HTML 格式：<textarea cols="10" rows="15"></textarea>

（2）CSS 格式：textarea{width:50px;height:30px;}

文本域的属性如表 5.4 所示。

表 5.4　文本域的属性

属性值	描述
cols	指定文本域的可见的列数
rows	指定文本域的可见的行数
name	指定文本域的名称
disable	在文本域无效，无法填写
maxlength	在文本域中能够输入的最大字符数
wrap	virtual：将实现文本区中的自动换行，但在传输数据时，文本只在用户按下回车键的地方进行换行，其他地方没有换行的效果 physical：将实现文本区内的自动换行，并以文本框中的文本效果进行数据传递

使用文本域的效果如图 5.5 所示。

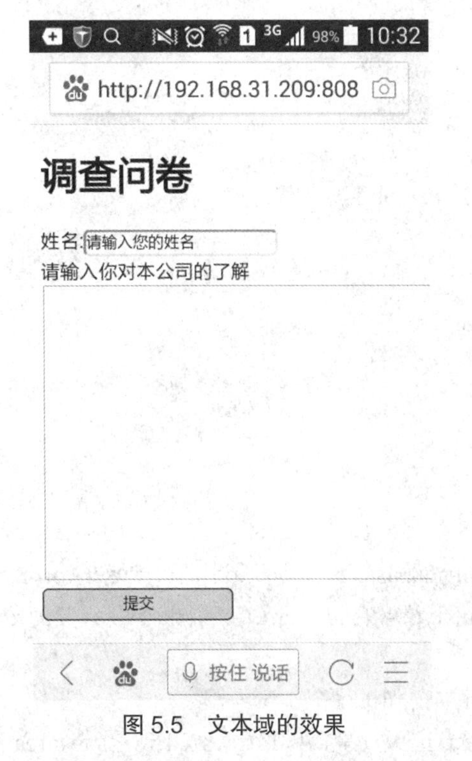

图 5.5　文本域的效果

为了实现图 5.5 的效果，新建 CORE0503.html，代码如 CORE0503 所示。

代码 CORE0503：多行文本框的效果

```
<!doctype html>
<html>
<head>
<meta charset="utf-8">
<meta content="width=device-width, initial-scale=1.0, minimum-scale=1.0, maxi-
mum-scale=1.0,user-scalable=no" name="viewport" />
<meta name="format-detection" content="telephone=no"/>
<meta name="apple-mobile-web-app-status-bar-style" />
<title> 文本域的应用 </title>
<style>
input{
        width:50%;
        border-radius:5px;}
#sub{
        width:50%;
        border:#000 1px solid;
        height:25px;
        background-color:#dcdcdc;
        border-radius:5px;}
</style>
</head>
<body>
        <div class="form">
        <hl> 调查问卷 </hl>
        <form action="aa.asp" method="post" id="user-form">
        姓名 :<input type="text" name="fname" size="20" maxleght="15" value=" 请
输入您的姓名 "><br>
        请输入你对本公司的了解 <br>
<textarea name="textknow" cols="50" rows="15"></textarea><br>
        <input id="sub" type="submit" value=" 提交 " >
</form>
</div>
</body>
</html>
```

4　单选按钮

<input type="radio"> 是单选按钮的 HTML 代码，单选按钮通常在需要用户在两个或多个选项中选择一个时使用，单选按钮的常用属性如表 5.5 所示。

表 5.5　单选按钮的常用属性

属性值	含义
name	单选按钮组的名称，同一组按钮有相同名称
value	单选按钮进行数据传递时的选项值
checked	默认选择项

使用单选按钮的效果如图 5.6 所示。

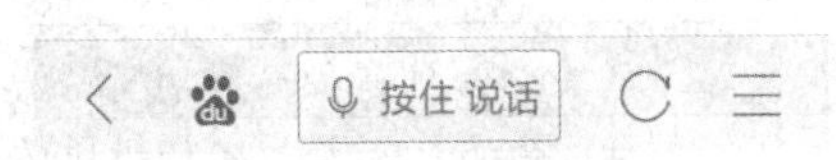

图 5.6　单选按钮的应用

为了实现图 5.6 的效果，新建 CORE0504.html，代码如 CORE0504 所示。

代码 CORE0504：单选按钮的应用

```
<!doctype html>
<html>
<head>
<meta charset="utf-8">
```

```
<meta content="width=device-width, initial-scale=1.0, minimum-scale=1.0, maximum-scale=1.0,user-scalable=no" name="viewport" />
<meta name="format-detection" content="telephone=no"/>
<meta name="apple-mobile-web-app-status-bar-style" />
<title> 单选按钮的应用 </title>
</head>
<body>
<div class="form">
<h2> 携程旅游用户注册 </h2>
<form action="aa.asp" method="post" id="user-form">
    姓名 :<input type="text" name="fname" size="20" maxleght="15" value=" 请输入您的姓名 "><br><br>
    密码 :<input type="password" name="fpassword" size="20" maxlength="20"><br><br>
    电话 :<input type="text" name="ftelephone" size="20" maxlength="20"><br><br>
    性别 :<input type="radio" value="sex" name="sex" checked> 男 <input type="radio" value="sex" name="sex" > 女 <br><br>
</form>
</div>
</body>
</html>
```

5 复选框

<input type="checkbox"> 是复选框的 HTML 代码，复选框通常在需要用户在两个或多个选项中选择一个或多个时使用，复选框的常用属性如表 5.6 所示。

表 5.6 复选框的属性

属性值	含义
name	复选框组的名称，同一组按钮都必须用同一个名称
value	复选框进行数据传递时的选项值
checked	默认选择项

使用复选框的应用效果如图 5.7 所示。

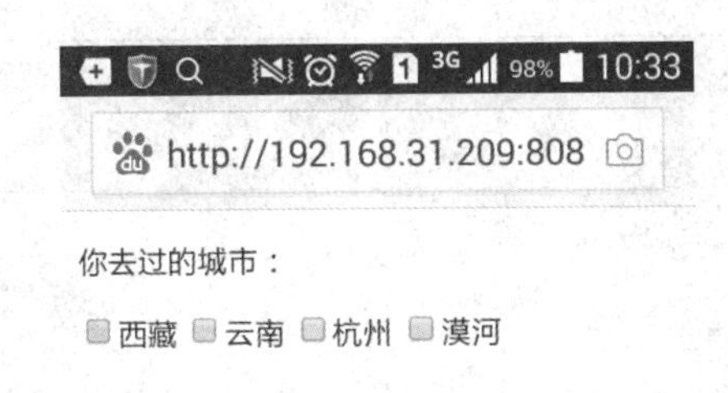

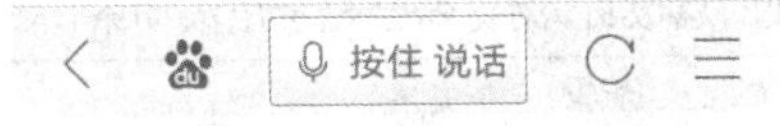

图 5.7　复选框效果图

为了实现图 5.7 的效果，新建 CORE0505.html，代码如 CORE0505 所示。

代码 CORE0505：复选按钮的应用

```
<!doctype html>
<html>
<head>
<meta charset="utf-8">
<meta content="width=device-width, initial-scale=1.0, minimum-scale=1.0, maxi-
mum-scale=1.0,user-scalable=no" name="viewport" />
<meta name="format-detection" content="telephone=no"/>
<meta name="apple-mobile-web-app-status-bar-style" />
<title> 复选按钮的应用 </title>
</head>
<body>
<form action="aa.asp" method="post" id="user-form">
<p> 你去过的城市：</p>
<input type="checkbox" name="hobby" value="hobby"> 西藏
<input type="checkbox" name="hobby" value="hobby"> 云南
<input type="checkbox" name="hobby" value="hobby"> 杭州
<input type="checkbox" name="hobby" value="hobby"> 漠河
</form>
```

```
</body>
</html>
```

6 下拉选择框

下拉列表框包括两个控件：列表控件、选项控件，HTML 标签分别为：<select></select>、<option></option>。

下拉列表框和列表选项的常用属性及含义如表 5.7 和表 5.8 所示。

表 5.7 下拉列表框的常用属性及含义

属性值	含义
name	下拉列表框名称
multiple	允许多选
size	size 属性规定下拉列表中可见选项的数目。如果 size 属性的值大于 1，但是小于列表中选项的总数目，浏览器会显示出滚动条，表示可以查看更多选项

表 5.8 列表选项的常用属性及含义

属性值	含义
name	选项名称
value	选项被选中后进行数据传递时的值
checked	默认选择项

使用下拉框的效果如图 5.8 所示。

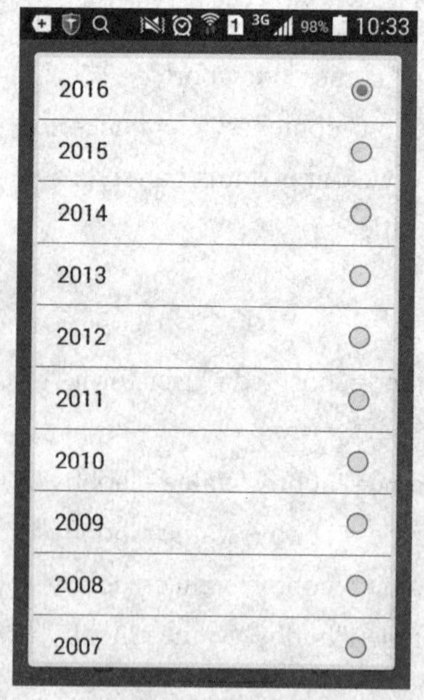

图 5.8 下拉列表效果

为了实现图 5.8 的效果，新建 CORE0506.html，代码如 CORE0506 所示。

代码 CORE0506：下拉选择框

```
<!doctype html>
<html>
<head>
<meta charset="utf-8">
<meta content="width=device-width, initial-scale=1.0, minimum-scale=1.0, maxi-
mum-scale=1.0,user-scalable=no" name="viewport" />
<meta name="format-detection" content="telephone=no"/>
<meta name="apple-mobile-web-app-status-bar-style" />
<title> 下拉选择框的应用 </title>
</head>
<body>
<form action="aa.asp" method="post" id="user-form">
<label> 出生年月 </label>
<select name="select" >
<option >2016</option>
<option>2015</option>
<option>2014</option>
<option>2013</option>
<option>2012</option>
<option>2011</option>
<option>2010</option>
<option>2009</option>
<option>2008</option>
<option>2007</option>
</select>
</form>
</body>
</html>
```

实际应用中我们可能需要多选或者指定默认选项，实现图 5.9 的效果。

图 5.9　可多选下拉列表效果

为了实现图 5.9 的效果，新建 CORE0507.html，代码如 CORE0507 所示。

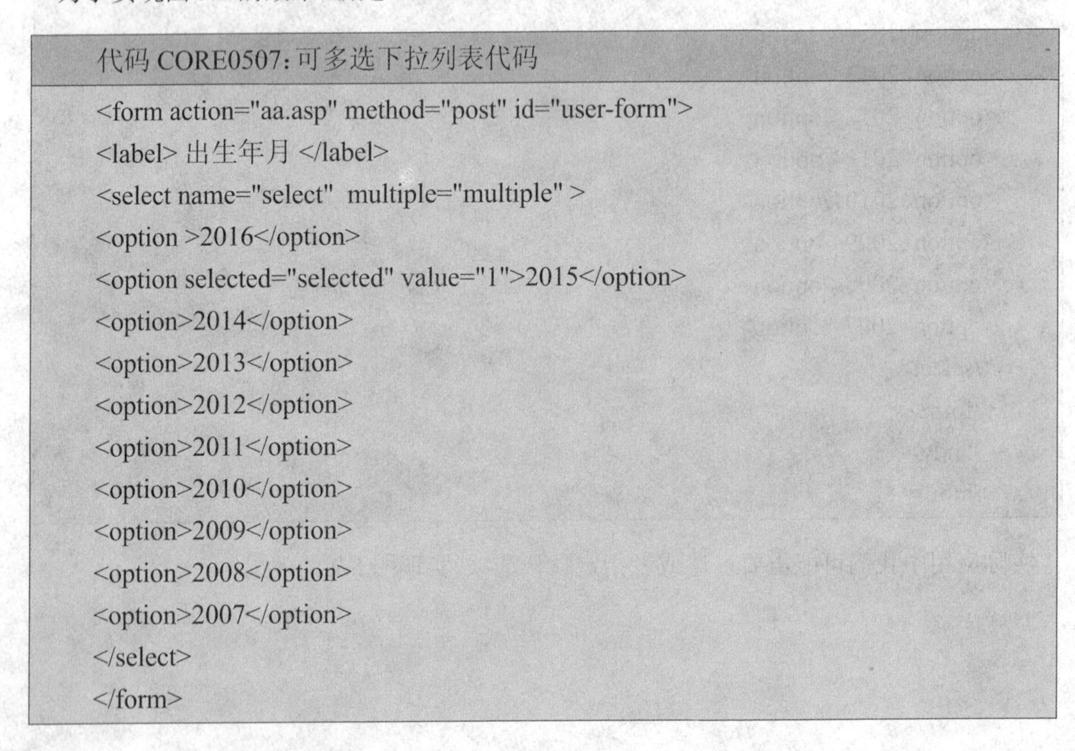

代码 CORE0507：可多选下拉列表代码

```
<form action="aa.asp" method="post" id="user-form">
<label> 出生年月 </label>
<select name="select"  multiple="multiple" >
<option >2016</option>
<option selected="selected" value="1">2015</option>
<option>2014</option>
<option>2013</option>
<option>2012</option>
<option>2011</option>
<option>2010</option>
<option>2009</option>
<option>2008</option>
<option>2007</option>
</select>
</form>
```

提示：使用 Shift 键选择连续选项，或者使用 Ctrl 键选择特定选项。

7　普通按钮

在 HTML 中普通按钮一般用代码：<input type="button" name="" value="" onclick= ""> 表示，普通按钮的常用属性和事件如表 5.9 所示。

表 5.9　普通按钮的常用属性和事件

属性值	事件
name	普通按钮的名称
value	按钮上显示的文字
onmousedown	用户按下鼠标链时触发的事件
onmouseup	鼠标链抬起时触发的事件
onclick	点击按钮事件（包括鼠标链按下和抬起两个动作）

使用普通按钮的效果如图 5.10 所示。

图 5.10　单击按钮后的复制效果

为了实现图 5.10 的效果，新建 CORE0508.html，代码如 CORE0508 所示。

代码 CORE0508:单击按钮后的复制效果代码

```
<!doctype html>
<html>
<head>
<meta charset="utf-8">
<meta content="width=device-width, initial-scale=1.0, minimum-scale=1.0, maximum-scale=1.0,user-scalable=no" name="viewport" />
<meta name="format-detection" content="telephone=no"/>
<meta name="apple-mobile-web-app-status-bar-style" />
<title> 普通按钮 </title>
</head>
<body>
<form action="aa.asp" method="post" id="user-form">
    单击按钮,把文档 1 的内容复制到文档 2 中 <br>
    文档 1:<input type="text" id="filed1" value=" 我是文档 1 的内容 "><br>
    文档 2: <input type="text" id="filed2" > <br><input type="button" name="" value=" 点 击 onClick="document.getElementById('filed2').value=document.getElementById('filed1').value">
</form>
</body>
</html>
```

8 提交按钮和重置按钮

在 HTML 中提交按钮一般用代码 <input type="submit" name="" value=""> 表示,重置按钮一般用代码 <input type="reset" name="" value=""> 表示,提交按钮的功能是提交用户信息到服务器中,重置按钮的功能是清空用户所输入的信息。使用提交按钮和重置按钮的效果如图 5.11 所示。

图 5.11　提交按钮和重置按钮的效果图

为了实现图 5.11 的效果，新建 CORE0509.html，代码如 CORE0509 所示。

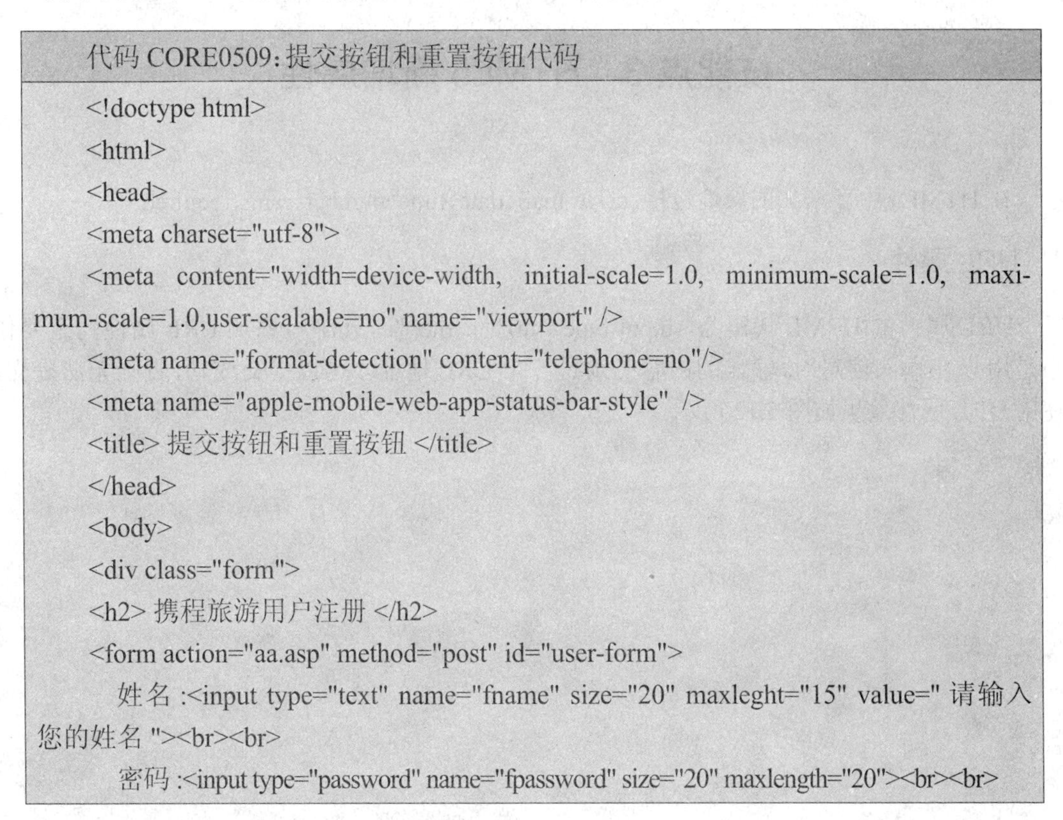

代码 CORE0509：提交按钮和重置按钮代码

```
<!doctype html>
<html>
<head>
<meta charset="utf-8">
<meta content="width=device-width, initial-scale=1.0, minimum-scale=1.0, maximum-scale=1.0,user-scalable=no" name="viewport" />
<meta name="format-detection" content="telephone=no"/>
<meta name="apple-mobile-web-app-status-bar-style" />
<title> 提交按钮和重置按钮 </title>
</head>
<body>
<div class="form">
<h2> 携程旅游用户注册 </h2>
<form action="aa.asp" method="post" id="user-form">
  姓名 :<input type="text" name="fname" size="20" maxleght="15" value=" 请输入您的姓名 "><br><br>
  密码 :<input type="password" name="fpassword" size="20" maxlength="20"><br><br>
```

```
        电话 :<input type="text" name="ftelephone" size="20" maxlength="20"><br><br>
        性别 :<input type="radio" value="sex" name="sex" checked> 男 <input type="ra-
dio" value="sex" name="sex" > 女 <br><br>
    <input type="submit" value=" 提交 ">
    <input type="reset" value=" 重置 ">
    </form>
    </div>
    </body>
    </html>
```

提示：想了解或学习表单类型，扫描图中二维码，获得更多信息。

表单类型

技能点 3　HTML5 新增属性

在 HTML5 中新增加的属性包括：url、e-mail、date、time、number、rang、required 等。

1　URL 属性

URL 属性的 HTML 代码为 <input type="url"　name="userurl">，添加 URL 属性的主要作用是用户在输入信息时，输入的内容必须是一个 URL 地址才可以提交成功，否则无法提交。使用 URL 属性效果如图 5.12 所示。

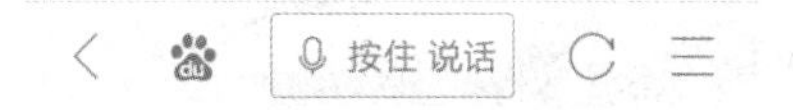

图 5.12　URL 效果图

为了实现图 5.12 的效果，新建 CORE0510.html，代码如 CORE0510 所示。

代码 CORE0510：URL 属性代码

```
<!doctype html>
<html>
<head>
<meta charset="utf-8">
<meta content="width=device-width, initial-scale=1.0, minimum-scale=1.0, maximum-scale=1.0,user-scalable=no" name="viewport" />
<meta name="format-detection" content="telephone=no"/>
<meta name="apple-mobile-web-app-status-bar-style" />
<title>url 属性 </title>
</head>
<body>
<form action="##" method="get">
  填写 URL 地址：<input type="url" name="user_url" /><br>
<input type="submit" value=" 提交按钮 " />
</form>
</html>
```

2 E-mail 属性

E-mail 属性的 HTML 代码为 <input type="email" name="e-mail">。E-mail 属性的主要作用是用户输入邮箱时，所输入的内容必须符合邮箱的格式，如果用户输入的邮箱地址不合法，单击提交按钮后，会提示让你输入正确的邮箱。使用 E-mail 效果如图 5.13 所示。

图 5.13 E-mail 效果图

为了实现图 5.13 的效果，新建 CORE0511.html，代码如 CORE0511 所示。

代码 CORE0511：E-mail 属性代码

```
<!doctype html>
<html>
<head>
<meta charset="utf-8">
<meta content="width=device-width, initial-scale=1.0, minimum-scale=1.0, maximum-scale=1.0,user-scalable=no" name="viewport" />
<meta name="format-detection" content="telephone=no"/>
<meta name="apple-mobile-web-app-status-bar-style" />
<title>mail</title>
</head>
<body>
<form action="form.asp" method="get">
```

```
E-mail: <input type="e-mail" name="user_mail" /><br />
<input type="submit" value=" 提交邮箱 " />
</form>
</html>
```

3　number 属性

number 属性的 HTML 代码为：<input type="type" name="number">。用户可以直接输入数字或者通过单击微调框中的向上或向下按钮选择数字，使用 number 属性效果如图 5.14 所示。

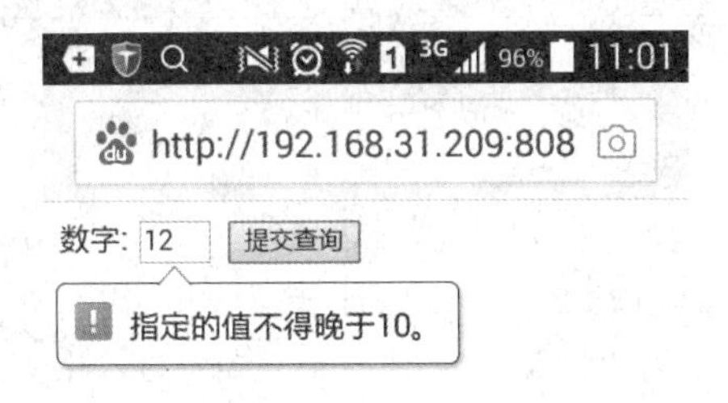

图 5.14　number 属性效果器

为了实现图 5.14 的效果，新建 CORE0512.html，代码如 CORE0512 所示。

代码 CORE0512：number 属性代码

```
<!doctype html>
<html>
<head>
<meta charset="utf-8">
<meta  content="width=device-width,  initial-scale=1.0,  minimum-scale=1.0,  maxi-
mum-scale=1.0,user-scalable=no" name="viewport" />
<meta name="format-detection" content="telephone=no"/>
```

```
    数字 : <input type="number" name="points" min="1" max="10" />
    <!--min 为 number 属性的最小值,max 为 number 属性的最大值 -->
<input type="submit"  value=" 提交查询 "/>
</form>
</html>
<meta name="apple-mobile-web-app-status-bar-style" />
<title>number</title>
</head>
<body>
<form action="form.asp" method="get">
```

4 range 属性

range 属性的 HTML 代码为 <input type="range" name="" min="" max="" step="">,用户可以使用 max、min 和 step 属性控制控件的范围,其中 min 和 max 分别为控制控件的最小值和最大值,step 为每单击一次跳转的步数。使用 range 属性的效果如图 5.15 所示。

图 5.15　range 属性效果图

为了实现图 5.15 的效果,新建 CORE0513.html,代码如 CORE0513 所示。

代码 CORE0513：range 属性代码

```
<!doctype html>
<html>
<head>
<meta charset="utf-8">
<meta content="width=device-width, initial-scale=1.0, minimum-scale=1.0, maxi-
mum-scale=1.0,user-scalable=no" name="viewport" />
<meta name="format-detection" content="telephone=no"/>
<meta name="apple-mobile-web-app-status-bar-style" />
<title>range 属性 </title>
</head>
<body>
  <form action="form.asp" method="get">
  <!--method 属性有两个属性值，分别为 get 和 post。-->
  音量：<input type="range" name="number" max="10" step="2" min="1">
</form>
</body>
</html>
```

5　date 属性

在 HTML5 中日期和时间的属性包括：date、datetime、datetime-local、month、week 和 time，它们的具体含义如表 5.10 所示。

表 5.10　date 属性表

属性	描述
date	选取日、月、年
month	选取月、年
week	选取周和年
time	选取时间（小时和分钟）
datetime	选取时间、日、月、年（UTC 时间）
datetime-local	选取时间、日、月、年（本地时间）

使用 date 属性的效果如图 5.16 至图 5.19 所示，用户单击输入框中的向下按钮，即可在弹出的窗口中选择需要的日期。

图 5.16 date 属性

图 5.17 week 属性效果

图 5.18 time 属性

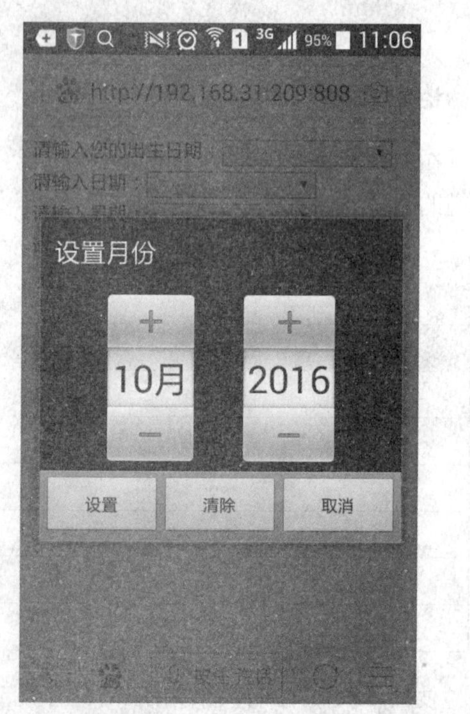

图 5.19 month 属性效果

为了实现图 5.16 的效果，新建 CORE0514.html，代码如 CORE0514 所示。

代码 CORE0514：date 属性代码

```
<!doctype html>
<html>
<head>
<meta charset="utf-8">
<meta content="width=device-width, initial-scale=1.0, minimum-scale=1.0, maxi-
mum-scale=1.0,user-scalable=no" name="viewport" />
<meta name="format-detection" content="telephone=no"/>
<meta name="apple-mobile-web-app-status-bar-style" />
<title>date 属性 </title>
</head>
<body>
<form action="form.asp" method="get">
    请输入您的出生日期：<input type="date" name="data"><br>
    请输入日期：<input type="month" name="month"><br>
    请输入星期：<input type="week" name="week"><br>
    请设置时间：<input type="time" name="time"><br>
</form>
</body>
</html>
```

6　placeholder 属性

placeholder 属性描述输入域所期待的值。可以使用 placeholder 属性的 <input> 标签类型为：text、search、url、telephone、email 以及 password。placeholder 属性的 HTML 代码为：<input type="search" name="user_search" placeholder="Search">。使用 placeholder 属性效果如图 5.20 所示。

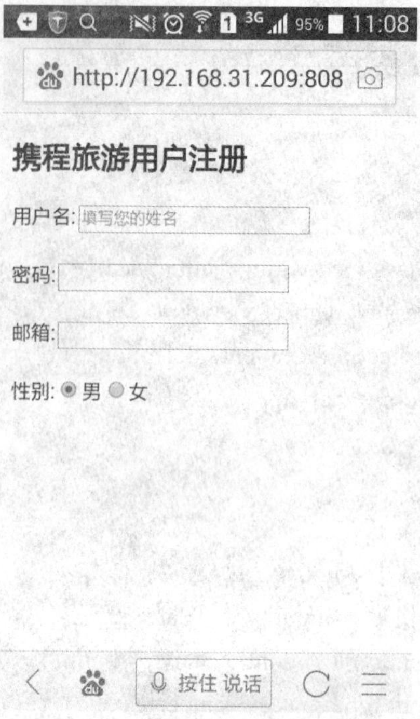

图 5.20 placeholder 效果图

为了实现图 5.20 的效果，新建 CORE0515.html，代码如 CORE0515 所示。

代码 CORE0515：placeholder 属性代码

```
<!doctype html>
<html>
<head>
<meta charset="utf-8">
<meta  content="width=device-width,  initial-scale=1.0,  minimum-scale=1.0,  maxi-
mum-scale=1.0,user-scalable=no" name="viewport" />
<meta name="format-detection" content="telephone=no"/>
<meta name="apple-mobile-web-app-status-bar-style"  />
<title> placeholder 属性应用 </title>
</head>
<body>
<div class="form">
<h2> 携程旅游用户注册 </h2>
<form action="aa.asp" method="post" id="user-form">
    用户名 :<input type="text" name="fname" size="20" maxleght="15" placehold-
er=" 填写您的姓名 "><br><br>
    密码 :<input type="password" name="fpassword" size="20" maxlength="20"><br><br>
```

```
        邮箱 :<input type="text" name="femail" size="20" maxlength="20"><br><br>
        性别 :<input type="radio" value="sex" name="sex" checked> 男 <input type="ra-
dio" value="sex" name="sex" > 女
    </form>
    </div>
    </body>
    </html>
```

通过下面七个步骤，实现图 5.2 所示的携程旅游用户注册界面。

第一步：打开 Sublime Text2 软件，如图 5.21 所示。

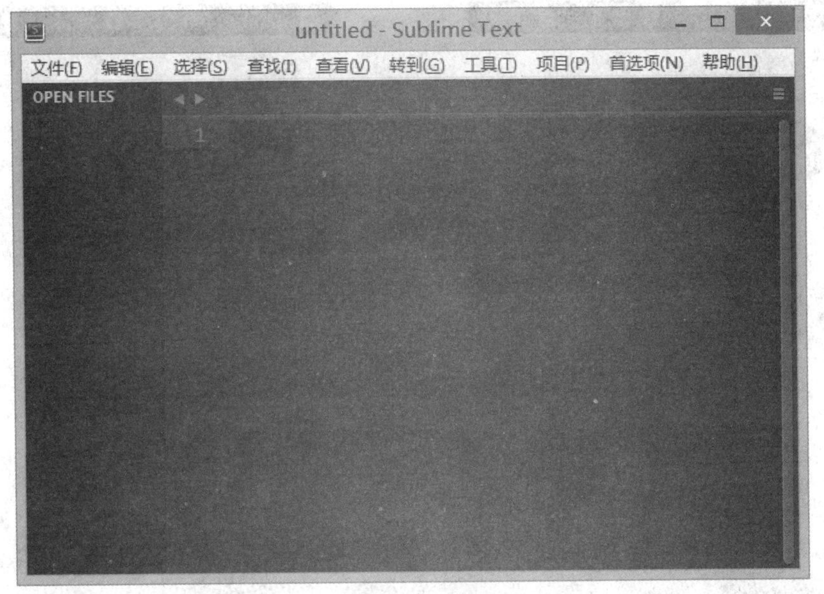

图 5.21　Sublime Text2 界面

第二步：点击文件—新建文件—保存为文件。

第三步：在 <head> 里面添加 <meta> 标签，使网页适应手机屏幕宽度。代码 CORE0516 如下。

代码 CORE0516：<meta> 标签

```
    <meta  content="width=device-width,  initial-scale=1.0,  minimum-scale=1.0,  maxi-
mum-scale=1.0,user-scalable=no" name="viewport" />
    <meta name="format-detection" content="telephone=no"/>
    <meta name="apple-mobile-web-app-status-bar-style"  />
```

第四步：头部制作。

头部为网站的 logo，主要代码 CORE0517 如下，效果如图 5.22 所示。

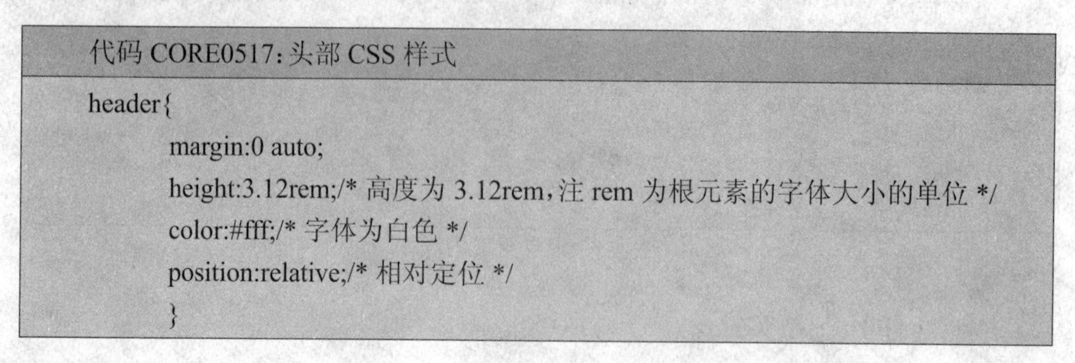

代码 CORE0517：头部 CSS 样式

```
header{
        margin:0 auto;
        height:3.12rem;/* 高度为 3.12rem，注 rem 为根元素的字体大小的单位 */
        color:#fff;/* 字体为白色 */
        position:relative;/* 相对定位 */
        }
```

第五步：主体部分制作。

主体部分为表单部分，用到的表单类型有 text、password、checkbox 等，HTML 代码 CORE0518 如下，效果如图 5.23 所示。

图 5.22　头部样式

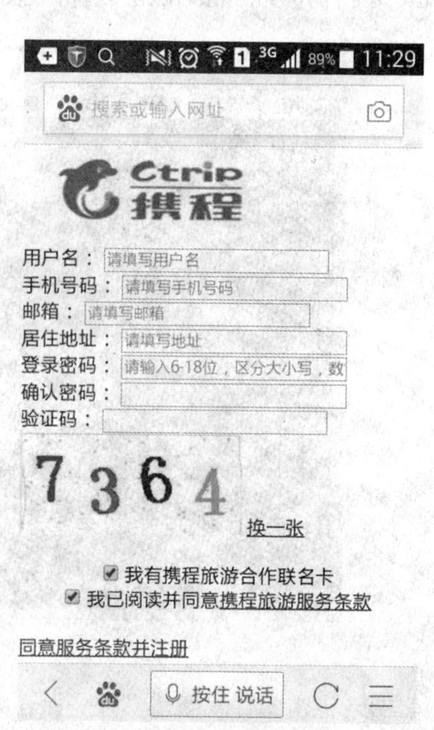

图 5.23　主体部分设置样式前

代码 CORE0518：主体 HTML 代码

```
<!-- 主体开始 -->
        <div class="regist">
        <form method="post">
                <!-- 用户名 --><br><br>
                <div class="item">
                        <label> 用户名：</label>
                        <input type="text" placeholder=" 请填写用户名 "></input>
                </div>
                <div class="item">
                        <label> 手机号码：</label>
                        <input type="text" placeholder=" 请填写手机号码 "></input>
                </div>
                <div class="item">
                        <label> 邮箱：</label>
                        <input type="text" placeholder=" 请填写邮箱 "></input>
                </div>
                <div class="item">
                        <label> 居住地址：</label>
                        <input type="text" placeholder=" 请填写地址 "></input>
                </div>
                <!-- 密码 -->
                <div class="item">
                        <label> 登录密码：</label>
                        <input type="password" placeholder=" 请输入 6-18 位，区
分大小写，数字、字母及特殊符号中的两种或两种以上 "></input>
                </div>
                <!-- 确认密码 -->
                <div class="item">
                        <label> 确认密码：</label>
                        <input type="password"></input>
                </div>
                <!-- 验证码 -->
                <div class="item">
                        <label> 验证码：</label>
                        <input class="lastitem" type="text"></input>
```

```
    <img src="inde.png">
                        <a href="#" > 换一张 </a>
                </div>
                <br><br>
                <div class="protocol">
                    <center><input type="checkbox" checked="cheched"></input>
                    <span> 我有携程旅游合作联名卡 </span>
                </div>
    <div class="protocol">
                    <center><input type="checkbox" checked="cheched"></input>
                    <span> 我已阅读并同意 </span><a href="#"> 携程旅游服
务条款 </a>
                </div>
                <br>
                <div class="btn">
                    <a href="#" > 同意服务条款并注册 </a>
                </div>
            </form>
    </div>
    <!-- 主体结束 -->
```

主体部分框架写完之后，开始设置主体部分的样式，代码 CORE0519 如下，效果如图 5.24 所示。

代码 CORE0519：主体 CSS 代码

```
.regist{
        width: 100%;
        margin: 0px auto;
        margin-top:10px;
}
.item{
        width:80%px;
        margin: 10px 0;
        overflow: hidden;/* 隐藏溢出 */
}
.item label{
        width:25%;
        height:36px;
```

```
        line-height:36px;/* 行高为 36px*/
        color#606060;/* 背景颜色为灰色 */
        text-align: right;/* 文字靠右对齐 */
        float: left;/* 左浮动 */
        font-size:14px;/* 字体大小为 14px*/
}
.item input{
        width:60%;/* 宽度为 60%*/
        height:36px;
        margin-left:5px;/* 左边距为 5px*/
        float: left;/* 左浮动 */
}
.lastitem{
        width: 100px !important;
}
.item img{
        width:10%;
        height:36px;
        display: block;/* 显示方式为块 */
        line-height: 36px;
        float:left;}
.item a{
        height:36px;
        float:left;
        line-height:36px;
        text-align: center;/* 文字居中显示 */
        font-size: 12px;
        display:block;
        text-decoration: none;/* 没有下划线 */
        color: #404040;}
.item a,.item a:visited{
        width: 100px;
        height: 36px;
        display: block;
        line-height: 36px;
        text-align: center;
        font-size: 12px;
        text-decoration: none;
```

```
        color: #404040;
        background-color: #efefef;/* 背景颜色 */
        border: 1px solid #e0e0e0;/* 边框宽度为 1px 实线 浅灰色 */
        float: left;
        margin-left: 10px;
}
.item a:hover{
        text-decoration: underline;
}
.protocol{
        margin: 0 auto;
        width:60%;
        margin-top:5px;/* 上边距为 5px*/
        margin-bottom:10px;/* 底边距为 10px*/
}
.protocol,.protocol a,.protocol a:visited{
        font-size: 12px;/* 字体大小为 12px*/
}
.btn{
        margin: 0 auto;
        width:50%;
        height:30px;
        background-color:#FC0;
        font-size:16px;
        line-height: 30px;
        text-align: center;
        border-radius:4px;/* 圆弧半径为 4px*/
        -moz-border-radius:4px;
}
.btn a,.btn a:visited{
        color: #fff;
        display: block;
        text-decoration: none;
        background-color:#f90;
}
```

第六步：底部版权信息的制作。

版权信息内容为 Copyright 2016 trip.com，该内容为一个段落，使用段落标签，效果如图 5.25 所示。

图 5.24　主体设置样式后　　图 5.25　底部设置样式前

第七步：底部版权信息的样式设置。

底部版权信息的 CSS 代码 CORE0520 如下，效果如图 5.2 所示。

代码 CORE0520：底部版权信息样式

```
footer .cop {
        color: #666;
        font-size: 11.5px;
        text-align:center;
}
```

至此，携程旅游注册界面就制作完成了。

【拓展目的】

熟悉 HTML5 中的表单及控件标签。

【拓展内容】

利用本次任务介绍的技术和方法，制作携程旅游的登录界面，效果如图 5.26 所示。

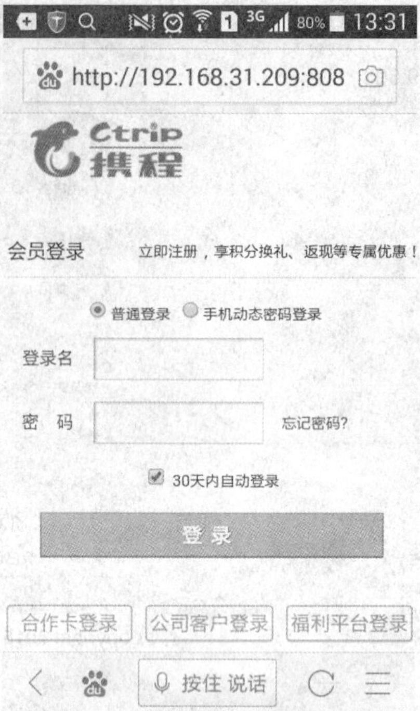

图 5.26　携程旅游登录界面效果图

【拓展步骤】

（1）设计思路。

将网页分成三部分，头部为 logo，主体部分为用户名、密码、登录按钮，底部为超链接。

（2）HTML 部分代码 CORE0521 如下。

代码 CORE0521：主体部分 HTML 代码

```
<div class="lg_hd">
        <img src="logo.png" class="img"></img>
</div>
<form name="Form1" method="post"  id="Form1">
        <div class="lg_loginwrap">
<div class="lg_loginbox" style="display:block;" id="memberlogin">
<h2 class="lg_loginbox_title">
<input id="chkAutoLogin" type="checkbox" name="chkAutoLogin" checked="checked">
<label for="chkAutoLogin">30 天内自动登录 </label></span></label></div>
        <li><div class="lg_index_label">
<input type="submit" name="btnSubmit" value=" 登录 " onclick="keyCollector.key-
SendByEnv();return chk();" id="btnSubmit" class="s_btn">
```

```
</div>
</li>
        <div class="lg_weblogin">
                <div class="lg_weblogin_btn_wrap">
                <a href="javascript:;" class="lg_weblogin_btn" id="clogin"> 合作卡登录 </a>
                        <a href="" class="lg_weblogin_btn"> 公司客户登录 </a>
<a href="" class="lg_weblogin_btn"> 福利平台登录 </a>
                </div>
        </div>
</div>
</div>
</form>
```

（3）CSS 部分代码 CORE0522 如下。

代码 CORE0522：主体部分 CSS 代码

```
body {
        background-color:#FFF;
        font-size:12px; line-height:1.5;
        font-family:Simsun, sans-serif;
        color:#333;
}
img, fieldset {
        border:0;
        margin:0;
        padding:0;
}
input, textarea {
        font-size:12px;
}
table {
        border-collapse:collapse;
}
a {
        color:#0053aa;
        text-decoration:none;
```

```
}
a:hover {
        text-decoration:underline;
}
h1, h2, h3, h4, h5 ,h6 {
        font-family:Simsun, sans-serif;
}
ul, li {
        list-style: none;
}
dfn {
        font-style: normal;
        font-family: Arial;
}
.layoutfix {
        display: inline-block;
}
.layoutfix {
        display: block;
        overflow: hidden;
}
.float_left {
        float: left;
}
.float_right {
        float: right;
}
.basefix {
        *zoom: 1;
}
.basefix:after {
        clear: both; content: '\20';
        display: block;height: 0;
}
#base_wrapper {
        width: 950px;
        padding:0 10px 10px;
        margin: 0 auto; }
```

```
#base_main {
        width:100%;
}
#base_main .base_b {
        float:none;
        width:auto;
}
.base_t1 #base_main {
        float:right;
        margin-left:-166px;
}
.base_t2 #base_main {
        float:right;
        margin-left:-168px;
}
.base_t3 #base_main {
        float:left;
        margin-right:-166px;
}
.base_t1 .base_b {
        float:left;
        width:154px;
        padding:6px;
}
.base_t1 #base_main .base_b {
        margin-left:166px;
}
.base_t2 .base_b {
        float:left;
        width:166px;
}
.base_t2 #base_main .base_b {
        margin-left:176px;
}
.base_t3 .base_b {
        float:right;
        width:154px;
        padding:6px;
```

```
}
.base_t3 #base_main .base_b {
        margin-right:166px;
}
#base_bd:after {
        content:".";
        display:block;
        height:0;
        clear:both;
        visibility:hidden;
}
#base_bd {
        zoom:1
}
#base_hd .corp_head {
        float: right;
        width: 730px;
        height: 60px;
}
#base_hd .base_corp_logo {
        float: right;
        }
#base_hd .base_corp_logo img {
        margin: 10px;
}
#base_hd .base_corp_title {
        margin-top: 20px;
        text-align: center;
 }
#base_hd .base_corp_title h1 {
        font-size:22px;
        line-height:24px;
}
#jsContainer {
         font-size:12px;
}
.base_pop {
        border:1px solid #67A1E2;
```

```
        background:#fff;
        margin:0 auto;
}
.base_pop .pop_hd,.jmp_hd {
        height:29px;
        padding-left:10px;
        background:url(../images/un_base_btn.png)
        repeat-x 0 -390px;
        font-size:12px;
        line-height:29px;
        color:#333;
}
.base_pop .pop_hd h3,.jmp_hd h3 {
        font-size:12px;
}
.base_pop .pop_hd .delete, .jmp_hd .delete {
        float:right;
        width:29px;
        height:29px;
        background:url(../images/un_base_btn.png)
        no-repeat -323px -85px;
        text-decoration:none;
}
.base_pop .pop_bd,.jmp_bd {
        padding:8px 10px;
}
.pop_hd .delete:hover, .jmp_hd .delete:hover {
        background-color: #acccef;
        text-decoration:none ;
}
```

通过用户注册界面和登录界面的学习，了解表单的作用以及使用方法，熟悉了 HTML5 中的表单及控件标签，学会了应用表单及控件设计注册登录界面的方法。

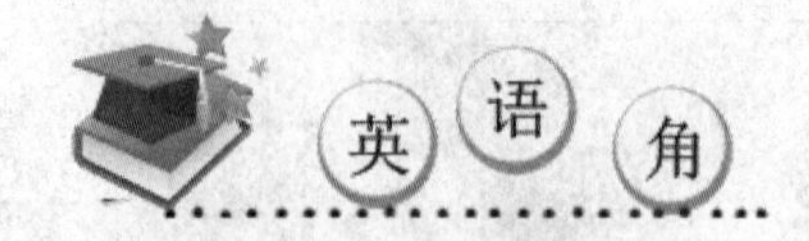

action　动作、行为
embed　嵌入
form　表单
method　方法
email　邮箱
submit　提交
reset　重置
text　文本
password　密码

一、选择题

1. 下面属于表单的 type 属性值的是（　　）。
（A）text　（B）file　（C）password　（D）radio

2. 在下列的 HTML 中，哪个可以产生复选框？（　　）
（A）<input type="check">
（B）<checkbox>
（C）<input type="checkbox">
（D）<check>

3. 以下不是 input 在 HTML5 的新类型是（　　）。
（A）datetime　（B）file　（C）colour　（D）range

4. 在 HTML 上，将表单中 INPUT 元素的 TYPE 属性值设置为（　　）时，用于创建重置按钮。
（A）reset　（B）set　（C）button　（D）image

5. 在 HTML 中，（　　）标签用于在网页中创建表单。
（A）<INPUT>　（B）<SELECT>　（C）<TABLE>　（D）<FORM>

二、上机题

根据本任务所学知识，制作一个网站留言板。

项目六　酷狗音乐播放器界面

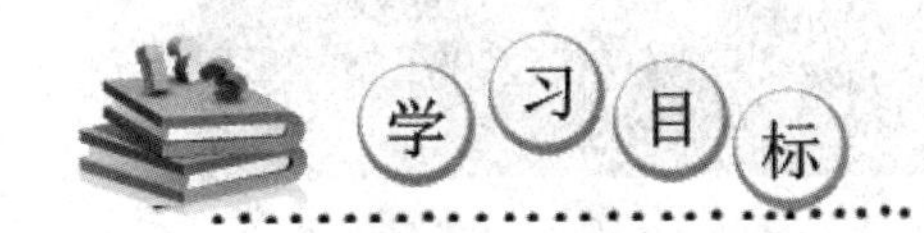

通过实现酷狗音乐播放器界面，学习 HTML5 相关的多媒体技术，掌握 HTML5 中新增音频和视频标签的使用。在任务实现过程中：

- 掌握 HTML5 中 video 标签的属性；
- 掌握 HTML5 中 video 标签的方法和事件；
- 掌握 HTML5 中 audio 标签的属性；
- 掌握 HTML5 中 audio 标签的方法和事件。

项目结构

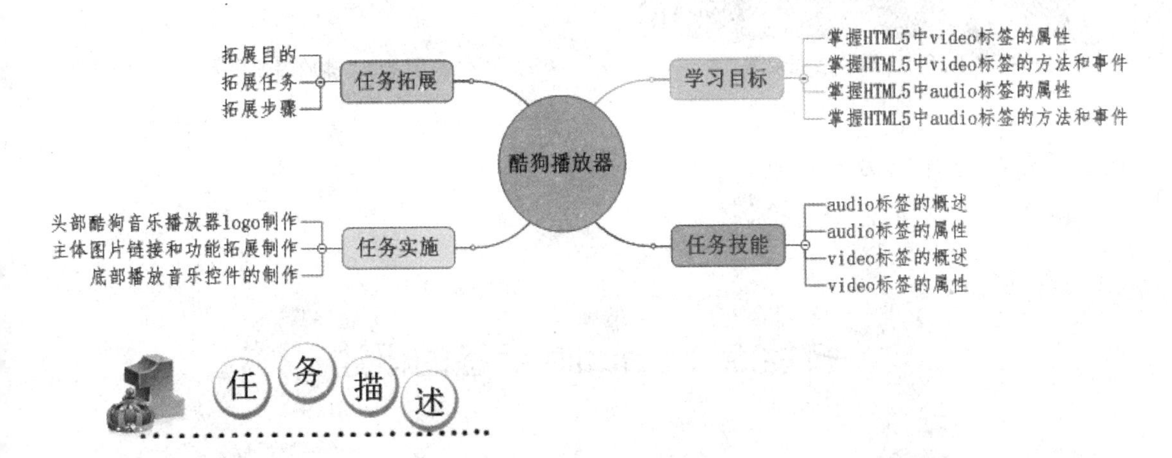

任务描述

【情境导入】

随着社会的发展、科技的进步，人们的生活压力越来越大，而大多数人选择听歌来缓解压力，所以音乐播放器在人们的生活中占据的很重要的地位。在编写一个音乐播放器时，应用最多的就是音频和视频。本次任务主要是实现酷狗音乐播放器界面设计。

【功能描述】

- 头部包括酷狗音乐播放器手机版的头部截图；
- 主体包括乐库、电台、酷群图片链接和音乐播放器的功能拓展；

- 底部包括音乐播放的控件。

【基本框架】

基本框架如图 6.1 所示。通过本任务的学习，能将框架图 6.1 转换成效果图 6.2。

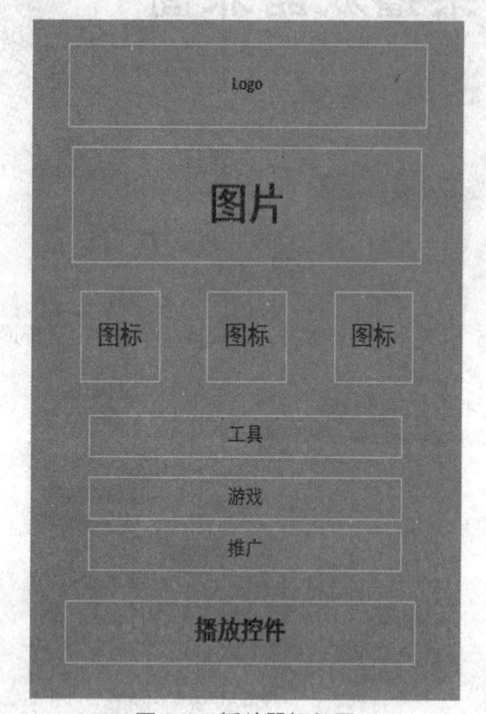

图 6.1　播放器框架图

图 6.2　播放器效果图

技能点 1　audio 标签的概述

audio 标签定义了播放声音文件或者音频流的标准。支持三种音频格式，分别是 Ogg Vorbis、MP3、Wav。HTML 代码为 <input src="a.mp3" controls="controls">，其中 src 是规定要播放音乐的地址，controls 是提供播放、暂停和音量控制用的。

在 HTML5 中，audio 标签新增加了一些属性，表 6.1 是 HTML5 新增加的属性列表。

表 6.1　audio 标签新增属性表

属性	值	描述
autoplay	autoplay	用来设定音频是否在页面加载后自动播放。如果出现该属性，则音频马上播放
controls	controls	用来设置是否为音频添加控件，如播放、暂停、进度条、音量等，控制条的外观可以自定义
loop	loop	设置音频是否循环播放

提示：在 <audio> 与 </audio> 之间插入的内容是供不支持 audio 元素的浏览器显示的。

浏览器对 audio 的标签支持程度如图 6.3 所示。

	IE 9	Firefox 3.5	Opera 10.5	Chrome 3.0	Safari 3.0
Ogg Vorbis		√	√	√	
MP3	√			√	√
Wav		√	√		√

图 6.3　浏览器对 audio 标签的支持程度

使用 audio 标签效果如图 6.4 所示。

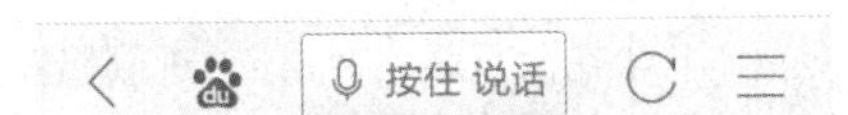

图 6.4　支持 audio 标签效果

为了实现图 6.4 效果，新建 CORE0601.html，代码如 CORE0601 所示。

代码 CORE0601：audio 标签代码

```
<!doctype html>
<html>
<head>
<meta charset="utf-8">
<title>audio 标签 </title>
<meta content="width=device-width, initial-scale=1.0, minimum-scale=1.0, maximum-scale=1.0,user-scalable=no" name="viewport" />
<meta name="format-detection" content="telephone=no"/>
<meta name="apple-mobile-web-app-status-bar-style" />
</head>
<body>
<audio src=" 薛之谦 - 丑八怪 .mp3" controls>
您的浏览器不支持 audio 标签，请在支持 audio 浏览器中运行
</audio>
</body>
</html>
```

技能点 2 audio 标签的属性

audio 标签的常见属性如表 6.2 所示。

表 6.2 audio 属性

属性	值	描述
autoplay	autoplay（自动播放）	如果出现该属性，则音频在就绪后会马上播放
	controls（控制）	如果出现该属性，则向用户显示控件，比如播放按钮
	loop（循环）	如果出现该属性，则每当音频结束时将重新开始播放
	preload（加载）	如果出现该属性，则音频在页面加载时进行加载，并预备播放，如果使用 autoplay 则忽略该属性
	url	要播放的音频的 URL 地址
autobuffer	autobuffer（自动缓冲）	在网页显示时，该二进制属性表示由用户代理（浏览器）进行缓冲的内容，还是由用户使用相关 API 进行内容缓冲

audio 还可以一次添加多个音频文件，代码如 CORE0602 所示。

代码 CORE0602：一次添加多个音频文件

```
<!doctype html>
<html>
<head>
<meta charset="utf-8">
<meta  content="width=device-width,  initial-scale=1.0,  minimum-scale=1.0,  maxi-
mum-scale=1.0,user-scalable=no" name="viewport" />
<meta name="format-detection" content="telephone=no"/>
<meta name="apple-mobile-web-app-status-bar-style"  />
<title> 一次添加多个音频文件 </title>
</head>

<body>
<audio  controls="controls">
<source src="radio/ 陆思恒、王钰威 - 一言难尽 (Live).mp3" type="audio/mpeg">
<source src="radio/ 陆思恒、王钰威 - 一言难尽 (Live).OGG" type="audio/ogg">
</audio>
</body>
</html>
```

技能点 3　video 标签的概述

video 标签主要是定义播放视频文件或者视频流的标准，支持 3 种视频格式，分别为 Ogg、WebM 和 MPEG4。HTML 代码为 <video src="" controls="controls">

提示：在 <video> 与 </video> 之间插入的内容是供不支持 audio 元素的浏览器显示的。

使用 video 标签效果如图 6.5 所示。

图 6.5　支持 video 标签效果

为了实现图 6.5 的效果，新建 CORE0603.html，代码如 CORE0603 所示。

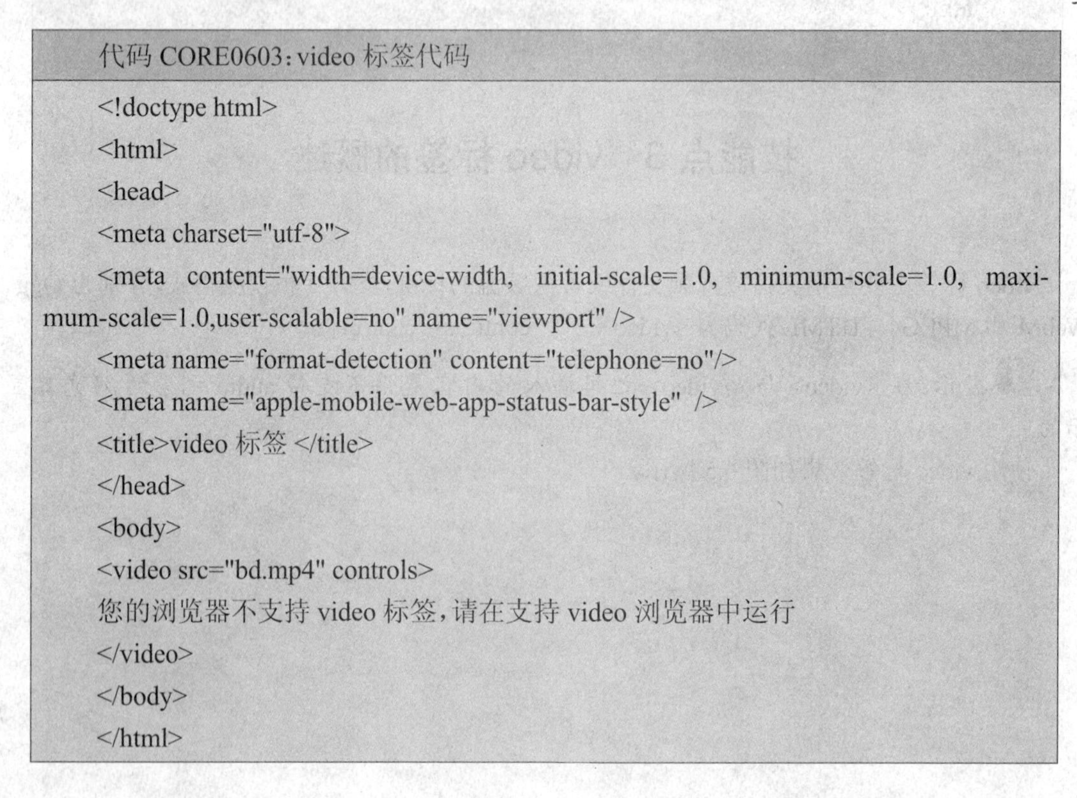

代码 CORE0603：video 标签代码

```
<!doctype html>
<html>
<head>
<meta charset="utf-8">
<meta content="width=device-width, initial-scale=1.0, minimum-scale=1.0, maximum-scale=1.0,user-scalable=no" name="viewport" />
<meta name="format-detection" content="telephone=no"/>
<meta name="apple-mobile-web-app-status-bar-style" />
<title>video 标签 </title>
</head>
<body>
<video src="bd.mp4" controls>
您的浏览器不支持 video 标签，请在支持 video 浏览器中运行
</video>
</body>
</html>
```

技能点 4　video 标签的属性

video 标签的常见属性如表 6.3 所示。

表 6.3　video 属性

属性	值	描述
autoplay	autoplay	如果出现该属性，则视频在就绪后就会马上播放
controls	controls	如果出现该属性，则向用户显示控件，比如播放按钮
	loop	如果出现该属性，则每当视频结束时将重新开始播放
	preload	如果出现该属性，则该视频在页面加载时进行加载，并预备播放
	url	要播放视频的 url
width	宽度值	设置视频播放器的宽度
height	高度值	设置播放器的高度
poster	url	当视频未响应或缓冲不足时，该属性值链接到一个图像，该图像将以一定的比例显示出来

video 还可以一次添加多个音频文件，代码如 CORE0604 所示。

代码 CORE0604：一次添加多个视频文件

```
<!doctype html>
<html>
<head>
<meta charset="utf-8">
<meta content="width=device-width, initial-scale=1.0, minimum-scale=1.0, maximum-scale=1.0,user-scalable=no" name="viewport" />
<meta name="format-detection" content="telephone=no"/>
<meta name="apple-mobile-web-app-status-bar-style" />

<title> 无标题文档 </title>
</head>
<body>
<video controls>
<source src="bd.mp4">
<source src="bd.ogg">
```

```
</video>
</body>
</html>
```

通过下面四个步骤的操作，实现图 6.2 所示的酷狗音乐播放器界面。

第一步：打开 Sublime Text2 软件，如图 6.6 所示。

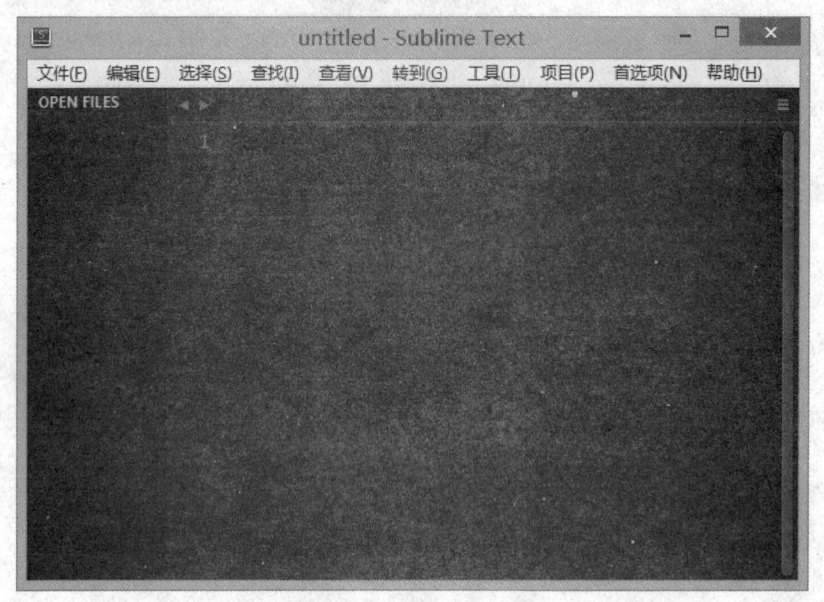

图 6.6 sublime Text 界面

第二步：点击文件—新建文件—保存为文件。

第三步：在 <head> 里面添加 <meta> 标签，使网页适应手机屏幕宽度。代码如 CORE0605 所示。

代码 CORE0605：<meta> 标签

```
<meta content="width=device-width, initial-scale=1.0, minimum-scale=1.0, maximum-scale=1.0,user-scalable=no" name="viewport" />
<meta name="format-detection" content="telephone=no"/>
<meta name="apple-mobile-web-app-status-bar-style" />
```

第四步：整体结构部分。

头部为酷狗音乐播放器的头部截图，主体为图片链接和功能拓展，底部为播放音乐的控件，新建 CORE0606 如下，效果如图 6.7 所示。

代码 CORE0606：HTML 代码

```
<header class="logo">
        <img src="img/logo.png" class="img"></img>
    <img src="img/phone.png" class="phone"></img><img src="img/into.png" class="in-
to"></img>
    </header>
```

图 6.7　酷狗音乐设置样式前

添加 CSS 代码 CORE0607 如下，效果如图 6.2 所示。

代码 CORE0607：CSS 代码

```
@charset "utf-8";
/* CSS Document */
    .img{
        width:100%;
        height:200px;
        }
    .logo{
        background-color:#064BBD;
margin-top:0px;
        }
    .phone{
```

```
width:45%;
height:50px;
    }
header{
    background-color:#064BBD;
    }
.into{
    width:5%;
    margin-left:160px;
    margin-bottom:10px;
    }
.lg{
    width:30%;
    margin-left:8px;
    }
.word{
    margin-left:40px;
    position: absolute;
    width:100%;
}
.word li{
    float:left;
    width:30%;
    margin-left:0px;
    }
ul,ol,li {
    list-style: none;
}
.line{
    width:90%;
    color:#dcdcdc;
    margin-top:45px;
    }
.li{
    width:80%;
    color:#dcdcdc;
    margin-top:0px;
    }
.ad{
    font-size:18px;
```

```
        font-family:Verdana, Geneva, sans-serif;
        margin-left:10px;
        font-weight:bold;
                }
    .jp{
        height:40px;
        margin-left:15px;
        }
    .content {
        height: 70%;
        margin-left: 220px;
        padding: 0 20px;
        width:100%;
        }
```

至此,酷狗音乐播放器界面就制作完成了。

【拓展目的】

熟悉 HTML5 中的多媒体元素标签。

【拓展内容】

利用本任务介绍的技术和方法,制作视频播放器界面,效果如图 6.8 所示。

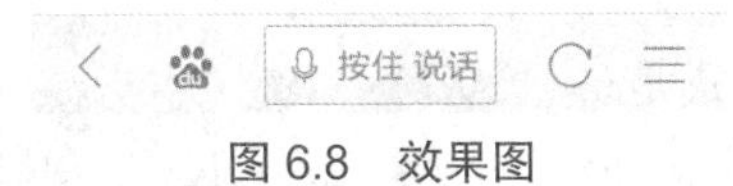

图 6.8　效果图

【拓展步骤】

（1）设计思路。

该界面分为两部分，头部为视频显示的大小滚动条，底部为视频播放器。

（2）HTML 部分代码 CORE0608 如下：

代码 CORE0608：网页视频播放器

```
<div><video src="video/muirbeach.mp4" /></div>
<div>（单击右键控制播放操作）</div>
<section id="player">
<video id="thevideo"  width="320" height="240" controls >
<source src="video/muirbeach.mp4"  type="video/mp4" >
<source src="video/muirbeach.webm" type="video/webm" >
<source src="video/muirbeach.ogg"  type="video/ogg">
<p> 您的浏览器不支持 video 标签。</p>/
</video>
</section>
```

通过本次任务的学习，重点掌握 HTML5 中的多媒体元素标签（主要包括 <audio> 标签和 <video> 标签）、HTML5 的 audio/video 属性、audio/video 方法、audio/video 事件等。

audio　声音

video　视频

autoplay　自动插放

control　控制

section　节点

一、选择题

1. HTML5 不支持的视频格式是（　　）。

（A）ogg　　（B）mp4　　（C）flv　　（D）WebM

2. 下关于 video 说法正确的是（　　）。

（A）当前，video 元素支持三种视频格式，其中 WebM = 带有 Thedora 视频编码和 Vorbis 音频编码的 WebM 文件

（B）source 元素可以添加多个，具体播放哪个有浏览器决定

（C）video 内使用 img 展示有视频封面

（D）loop 属性可以使媒介文件循环播放

3. 以下关于 video 说法错误的是（　　）。

（A）navigator.geolocation 可以用来判断浏览器是否支持地理定位

（B）window.navigator.cookieEnabled 判断浏览器是否支持 cookie

（C）Canvas 不依赖分辨率

（D）window.FileReader 判断浏览器是否支持 FileReader

4. 在 HTML5 中，哪个属性用于规定输入字段是必填的？（　　）

（A）required　（B）formvalidate　（C）validate　（D）placeholder

5. 哪种输入类型定义滑块控件？（　　）

（A）search　（B）controls　（C）slider　（D）range

二、上机题

仿照网上的酷狗音乐播放器，制作出属于自己的播放器。

项目七　使用 HTML5 绘制钟表

通过实现 HTML5 绘制钟表，学习 Canvas 标签的概念以及使用 Canvas 绘制图形文字等技能，在任务实现过程中：

- 了解 Canvas；
- 了解阴影效果和颜色渐变效果的设置；
- 掌握使用 Canvas 绘制图形，文字；
- 掌握网页中图形、图片的绘制。

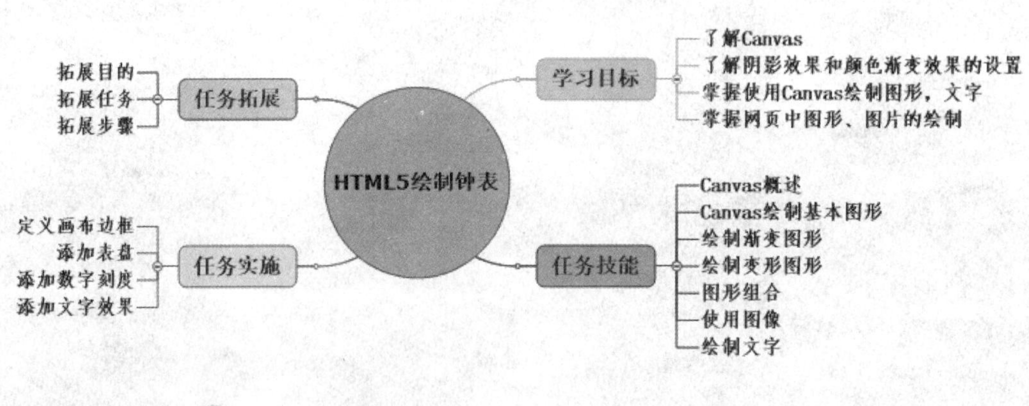

【情境导入】

HTML5 新增的 Canvas 元素可以让用户使用 JavaScript 在网页上绘制图像，从而使用 HTML5 新标签就可以做出丰富多彩的、炫目的界面和动画。本次任务主要是使 HTML5 绘制钟表。

【功能描述】

- 使用 Canvas 和 JavaScript 绘制出一个简单地钟表。

【基本框架】

基本框架如图 7.1 所示。通过本任务的学习，能将框架图 7.1 转换成效果图 7.2。

图 7.1　框架图

图 7.2　效果图

技能点 1　Canvas 概述

Canvas 是 HTML5 中的一个新标签，Canvas 标签主要是用于图形绘制，在使用 Canvas 标签时通常需要定义三个属性：id 属性、画布高度和宽度。其中画布大小的设置可以用 CSS 来定义，其默认值是 300px 和 150px。HTML 代码为：

```
<canvas id="mycanvas"  height="200" width="200" >
你的浏览器不支持 canvas
</canvas>
```

画布本身不具有绘制图形的功能，只是一个容器，使用脚本语言 JavaScript 进行绘制图形。

一般分为下面几个步骤：

（1）JavaScript 使用 id 来寻找 canvas 元素，即可获取当前画布对象，代码为

var a=document.getELementById("mycanvas");

（2）创建 canvas 对象，代码为

var cxt=a.getContext("2d");

getContext 方法返回一个指定 contextID 的上下文对象，如果不支持指定的 id 时，则返回 null，由于 HTML5 的 Canvas 的技术还不是很成熟，目前不支持 3d，只支持 2d。

（3）绘制图形

cxt.fillStyle="#CCC";// 填充颜色

cxt.fillRect(0,0,150,75);// 绘制了一个矩形

技能点 2　绘制基本图形

1　Canvas 坐标系

在使用 Canvas 绘制图形时首先要知道绘制图形的起点，这就需要根据坐标系来判断坐标的位置，默认坐标系是以画布左上角（0,0）开始的，X 向右增大，Y 向下增大。在默认坐标系中，每一个点的坐标都是直接映射到一个 CSS 像素上。画布上一些特定的操作和属性的设置都使用默认坐标系。Canvas 坐标系统说明如图 7.3 所示。

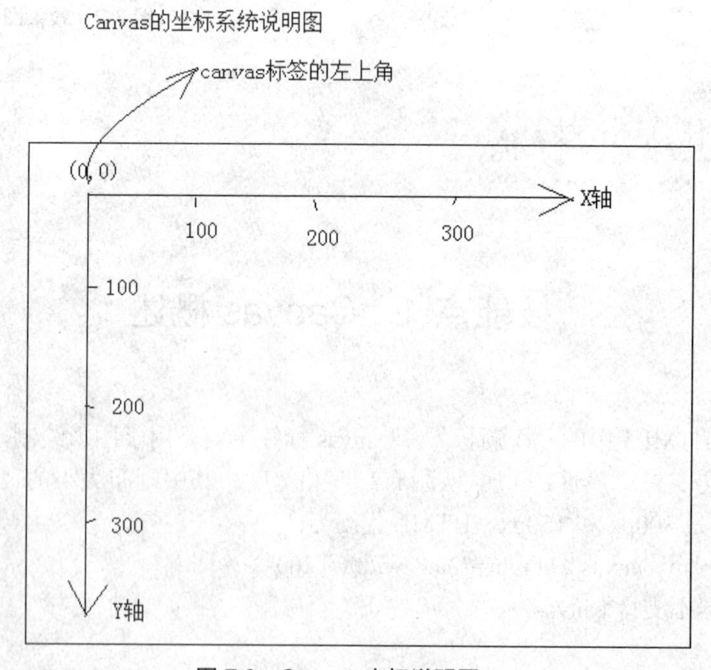

图 7.3　Canvas 坐标说明图

2　绘制直线

每个 Canvas 实例对象中都拥有一个 path 对象，创建自定义图形就是不断对 path 对象操作的过程。绘制直线相关的方法和属性如表 7.1 所示。

表 7.1　Canvas 绘制直线的方法及属性

方法和属性	功能
moveTo(x,y)	不绘制，只是将当前位置移动到新目标坐标 (x,y)，并作为线条开始点
lineTo(x,y)	绘制线条到指定的目标坐标 (x,y)，并且在两个坐标之间画一条直线，不管调用哪一个，都不会真正画出图形，因为还没有调用 stroke（绘制）和 fill（填充）函数，当前，只是在定义路径的位置，以便后面绘制时使用
strokeStyle	属性是指定线条的颜色
lineWidth	属性设置线条的粗细

使用 Canvas 绘制直线的效果如图 7.4 所示。

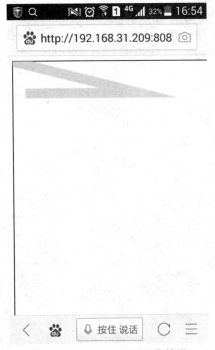

图 7.4　Canvas 绘制图像效果

为了实现图 7.4 的效果，新建 CORE0701.html，代码如 CORE0701 所示。

代码 CORE0701：绘制直线代码

```
<!doctype html>
<html>
<head>
<meta charset="utf-8">
<title>canva 绘制直线 </title>
<meta content="width=device-width, initial-scale=1.0, minimum-scale=1.0, maxi-
mum-scale=1.0,user-scalable=no" name="viewport" />
<meta name="format-detection" content="telephone=no"/>
<meta name="apple-mobile-web-app-status-bar-style" />
</head>
<body>
<canvas id="canvas" width="500" height="500" style="border:1px solid #000">
你的浏览器不支持 canvas
</canvas>
<script type="text/javascript">
var a=document.getElementById("canvas");
var cxt=a.getContext("2d");
cxt.beginPath();
cxt.strokeStyle="rgb(0,255,255)";
cxt.moveTo(0,0);// 开始坐标 (0,0)
cxt.lineTo(200,50);// 结束坐标 (200,50)
cxt.lineTo(20,50); // 结束坐标 (20,50)
cxt.lineWidth=15;// 线条宽度 15
cxt.stroke();
cxt.closePath();
</script>
</body>
</html>
```

3 绘制矩形

在画布中绘制矩形的方法如表 7.2 所示。

使用 Canvas 绘制矩形的效果如图 7.5 所示。

为了实现图 7.5 的效果，新建 CORE0702.html，代码如 CORE0702 所示。

表 7.2　绘制矩形方法

方法	描述
fillRect	绘制一个无边框矩形，示例 fillRect(0,0,150,75) 表示为左上角的坐标为（0,0）长度为 150 宽度为 75
strokeRect	绘制一个带边框的矩形，该方法的四个参数和上面的相同
clearRect	清除一个矩形区域，被清除的区域没有任何线条

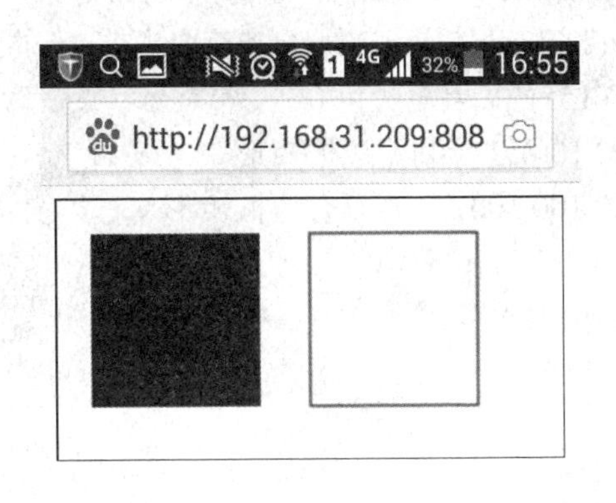

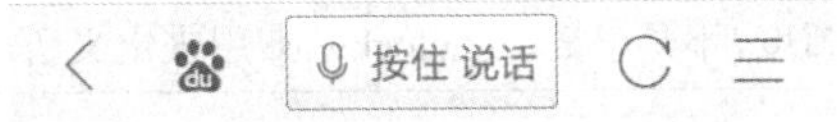

图 7.5　矩形效果图

代码 CORE0702：绘制矩形

```
<!doctype html>
<html>
<head>
<meta content="width=device-width, initial-scale=1.0, minimum-scale=1.0, maximum-scale=1.0,user-scalable=no" name="viewport" />
<meta name="format-detection" content="telephone=no"/>
<meta name="apple-mobile-web-app-status-bar-style" />
<meta charset="utf-8">
<title>Canva 绘制矩形 </title>
```

```
</head>
<body>
<canvas id="canvas" style="border:1px solid #000">
你的浏览器不支持 canvas
</canvas>
<script type="text/javascript">
var a=document.getElementById("canvas");// 获取画布对象
var cxt=a.getContext("2d");// 使用 getContext 获取当前 2d 的上下文对象
cxt.fillStyle="rgb(0,0,155)";// 填充颜色
cxt.fillRect(20,20,100,100);// 绘制无边框矩形
cxt.strokeRect(150,20,100,100); // 绘制有边框矩形
</script>
</body>
</html>
```

4 绘制圆形

在画布中绘制圆形的方法如表 7.3 所示。

表 7.3 绘制圆形方法

方法	描述
beginPath()	开始绘制路径
arc(x,y,radius,startAngle,endAngle,anticlockwise)	x 和 y 定义的是圆的中心，radius 是圆的半径，startAngle 和 endAngle 是弧度，不是度数，anticlockwise 用来定义所画圆的方向，值是 true 或 false
closePath()	结束路径的绘制
fill()	进行填充
stroke()	方法设置边框

使用 Canvas 绘制圆形效果如图 7.6 所示。

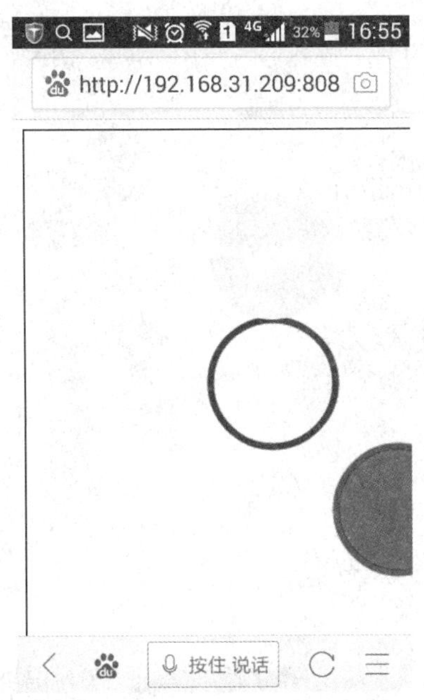

图 7.6　Canvas 绘制圆形效果图

为了实现图 7.6 的效果，新建 CORE0703.html，代码如 CORE0703 所示。

代码 CORE0703：绘制圆形代码

```
<!doctype html>
<html>
<head>
<meta charset="utf-8">
<title>Canva 绘制圆形 </title>
<meta content="width=device-width, initial-scale=1.0, minimum-scale=1.0, maximum-scale=1.0,user-scalable=no" name="viewport" />
<meta name="format-detection" content="telephone=no"/>
<meta name="apple-mobile-web-app-status-bar-style" />
</head>
<body>
<canvas id="canvas" width="500" height="500" style="border:1px solid #000">
你的浏览器不支持 canvas
</canvas>
<script type="text/javascript">
var a=document.getElementById("canvas");
```

```
var cxt=a.getContext("2d");
// 画一个空心圆
cxt.beginPath();
cxt.arc(200,200,50,0,360,false);
cxt.lineWidth=5;
cxt.strokeStyle="blue";
cxt.stroke();// 画空心圆
cxt.closePath();
// 画一个实心圆
cxt.beginPath();
cxt.arc(200,100,50,0,360,false);
cxt.fillStyle="yellow";// 填充颜色 , 默认是黑色
cxt.fill();// 画实心圆
cxt.closePath();
// 空心和实心的组合
cxt.beginPath();
cxt.arc(300,300,50,0,360,false);
cxt.fillStyle="red";
cxt.fill();
cxt.strokeStyle="green";
cxt.stroke();
cxt.closePath();
</script>
</body>
</html>
```

提示：beginPath() 方法开始绘制路径时可以绘制直线、曲线等，绘制完成后调用 fill() 和 stroke() 完成填充和设置边框，通过 closePath() 方法结束路径的绘制。

技能点 3　绘制文字

在画布中绘制文字的方式和操作其他路径对象的方式相同文本绘制功能由两个方法组成，如表 7.4 所示。

表 7.4　文本绘制功能

方法	描述
fillText（text,x,y,maxwidth）	绘制待 fillStyle 填充的文字，文字参数以及用于制动文本位置的坐标的参数。Maxwidth 是可选参数，用于限制字体大小，它会将文本字体强制收缩到指定的尺寸
trokeText（text,x,y,maxwidth）	绘制只有 strokeStyle 边框的文字

使用 Canvas 绘制文字效果如图 7.7 所示。

图 7.7　Canvas 绘制文字效果

为了实现图 7.17 的效果，新建 CORE0704.html，代码如 CORE0704 所示。

代码 CORE0704：绘制文字代码

```
<!doctype html>
<html>
<head>
<meta charset = "utf-8">
<meta content="width=device-width, initial-scale=1.0, minimum-scale=1.0, maximum-scale=1.0,user-scalable=no" name="viewport" />
<meta name="format-detection" content="telephone=no"/>
<meta name="apple-mobile-web-app-status-bar-style" />
```

```
        <title>HTML5 绘制文字 </title>
    <script type="text/javascript">
        // 这个函数将在页面完全加载后调用
        function pageLoaded()
        {
        // 获取 canvas 对象的引用 , 注意 tCanvas 名字必须和下面 body 里面的 id 相同
        var canvas = document.getElementById('tCanvas');
        // 获取该 canvas 的 2D 绘图环境
        var context = canvas.getContext('2d');
        // 绘制文本
        context.fillText('canvas 标签 ',20,30);
        // 修改字体
        context.font = '20px Arial';
        context.fillText('canvas 标签 ',20,60);
        // 绘制空心的文本
        context.font = '36px 隶书 ';
        context.strokeText('canvas 标签 ',20,100);
      }
    </script>
    </head>
    <body onload="pageLoaded();">
    <canvas width="320" height="120" id="tCanvas" style="border:black 1px solid;">
    <!-- 如果浏览器不支持则显示如下字体 --> 提示：你的浏览器不支持
    <!--<canvas>--> 标签
    </canvas>
    </body>
    </html>
```

技能点 4　绘制渐变图形

1　绘制线性渐变

所谓线性渐变，是指从开始地点到结束地点颜色呈直线的变化效果。在 Canvas 中，不仅可以指定开始和结尾的两点，中途的位置也能任意指定，实现各种奇妙的效果。

使用渐变需要的三个步骤如下。

（1）创建渐变对象，其代码如下：

```
var a=cxt.creatLinearGradient(0,0,0,canvas.height);
```

（2）为渐变对象设置颜色，指明过渡方式，其代码如下：

```
gradient.addColorStop(0,"#fff");
gradient.addColorStop(1,"#000");
```

（3）在 context 上为填充样式或者描边样式设置渐变，其代码如下：

```
cxt.fillStyle=gradient;
```

绘制线性渐变的方法如表 7.5 所示。

表 7.5　绘制线性渐变方法

方法	功能
creatLinearGradient（x0，y0，x1，y1）	沿着直线从 (x0,y0) 值 (x1,y1) 绘制渐变
addColorStop	两个参数：颜色和偏移量。颜色位置描边或填充时所使用的颜色，偏移量是一个 0~1 之间的数值，表示沿着渐变线渐变的距离有多远

使用 Canvas 实现线性渐变的效果如图 7.8 所示。

图 7.8　Canvas 实现线性渐变的效果

为了实现图 7.8 的效果，新建 CORE0705.html，代码如 CORE0705 所示。

代码 CORE0705：绘制线性渐变

```
<!doctype html>
<html>
<head>
<meta charset="utf-8">
<title>Canvas 绘制线性渐变 </title>
<meta content="width=device-width, initial-scale=1.0, minimum-scale=1.0, maximum-scale=1.0,user-scalable=no" name="viewport" />
<meta name="format-detection" content="telephone=no"/>
<meta name="apple-mobile-web-app-status-bar-style" />
</head>
<body>
    <div id="container">
        <canvas id="cavsElem">
            你的浏览器不支持 canvas，请升级浏览器
        </canvas>
    </div>
    <script>
        (function(){
            var canvas = document.querySelector('#cavsElem');
            var ctx = canvas.getContext('2d');
            canvas.width = 400;
            canvas.height = 600;
            canvas.style.border = "1px solid #000";
            // 从画布的 220,0 位置开始渐变，遇到文字进行渐变，遇到形状进行渐变
            var grd = ctx.createLinearGradient(220, 0, 390, 0);
            grd.addColorStop(0, "teal");
            grd.addColorStop(.5, "blue");
            grd.addColorStop(.7, "#ccc");// 添加渐变的节点。
            grd.addColorStop(1, "#999");
            ctx.fillStyle =grd;// 关键点，把渐变设置到 填充的样式
            ctx.font = "100px '微软雅黑'";
            ctx.fillText("canvas", 200, 200);
            ctx.fillRect(200,200, 100, 100);
```

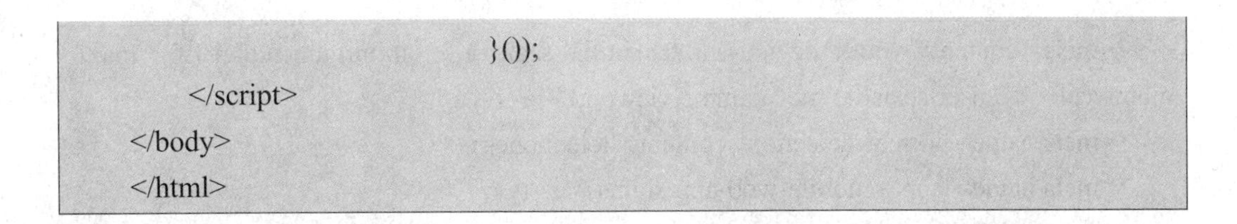

```
            }());
    </script>
</body>
</html>
```

2　绘制径向渐变

绘制径向渐变时需要创建渐变对象，可对文本，形状进行填充，语法为 context.createRadialGradient(x0,y0,r0,x1,y1,r1); 其中 x0: 渐变的开始圆的 x 坐标，y0: 渐变的开始圆的 y 坐标，r0: 开始圆的半径，x1: 渐变的结束圆的 x 坐标，y1: 渐变的结束圆的 y 坐标，r1: 结束圆的半径。

使用 Canvas 实现径向渐变的效果如图 7.9 所示。

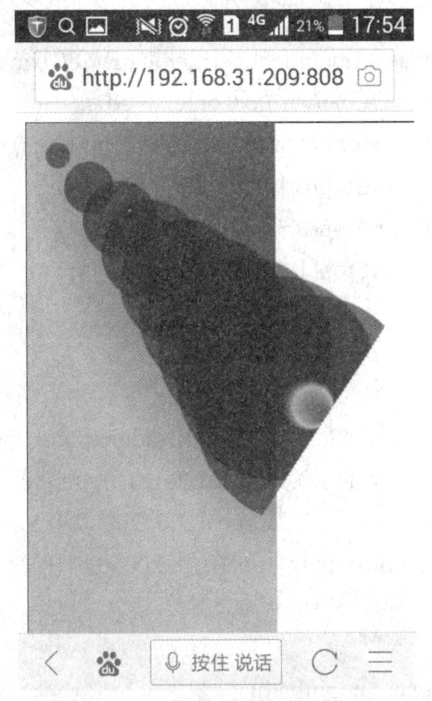

图 7.9　Canvas 径向渐变效果

为了实现图 7.9 的效果，新建 CORE0706.html，代码如 CORE0706 所示。

代码 CORE0706：径向渐变

```
<!doctype html>
<html>
<head>
<meta charset="utf-8">
<title>canva 绘制径向渐变 </title>
```

```
<meta content="width=device-width, initial-scale=1.0, minimum-scale=1.0, maximum-scale=1.0,user-scalable=no" name="viewport" />
<meta name="format-detection" content="telephone=no"/>
<meta name="apple-mobile-web-app-status-bar-style" />
</head>
<body>
<canvas id="canvas" width="500" height="500" style="border:1px solid #000">
你的浏览器不支持 canvas
</canvas>
<script type="text/javascript">
window.onload = function()
    {
            var canvas = document.getElementById("canvas");
            var context = canvas.getContext("2d");
            var g1 = context.createRadialGradient(400, 0, 0, 400, 0, 400);
            g1.addColorStop(0.1, "rgb(200, 200, 0)");
            g1.addColorStop(0.3, "rgb(211, 0, 211)");
            g1.addColorStop(1, "rgb(0, 222, 222)");
            context.fillStyle = g1;
            context.fillRect(0, 0, 200, 400);
            var n = 0;
            var g2 = context.createRadialGradient(240, 230, 0, 210, 210, 210);
            g2.addColorStop(0.1, "rgba(200, 0, 0, 0.5)");
            g2.addColorStop(0.7, "rgba(200, 200, 0, 0.5)");
            g2.addColorStop(1, "rgba(0, 0, 200, 0.5)");
            for(var i = 0; i < 10; i++)
            {
                context.beginPath();
                context.fillStyle = g2;
                context.arc(i * 25, i * 25, i * 10, 0, Math.PI * 2, true);
                context.closePath();
                context.fill();
            }
        }
</script>
</body>
</html>
```

技能点 5　绘制变形图形

画布 Canvas 不但可以使用 lineTo 和 moveTo 移动画笔绘制线条和图形，还可以使用变换来调整画笔下的画布，变换的方法有：旋转、平移、缩放和变形等。

1　状态保存与恢复

Context 对象中维持了一个保存当前 Canvas 状态信息的堆。Context 对象提供了两个方法用于保存和恢复 Canvas 的状态，其原型如下：void save(); 用于将当前 Canvas 中的所有状态信息保存入堆中。void restore(); 用于弹出并开始使用堆上面保存的状态信息。使用状态保存与恢复的目的是防止绘制代码过于膨胀。

提示：创建画布的 Context 对象时把初始的状态保存下来，这样在每次重画时都可以直接恢复成初始的状态，而不用每次都用 clearRect() 方法擦除。

使用 Canvas 的 save() 和 restore() 应用效果如图 7.10 所示。

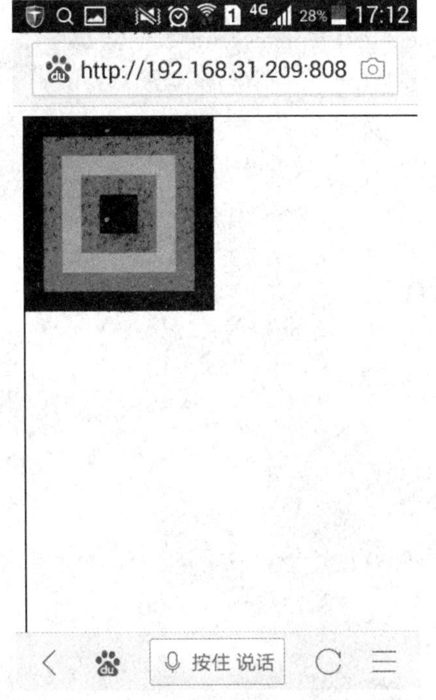

图 7.10　save() 和 restore() 的应用效果

为了实现图 7.10 的效果，新建 CORE0707.html，代码如 CORE0707 所示。

代码 CORE0707：save() 和 restore() 的应用

```
<!doctype html>
<html>
<head>
<meta charset="utf-8">
<meta content="width=device-width, initial-scale=1.0, minimum-scale=1.0, maxi-
mum-scale=1.0,user-scalable=no" name="viewport" />
<meta name="format-detection" content="telephone=no"/>
<meta name="apple-mobile-web-app-status-bar-style" />
<title> save() 和 restore() 的应用效果 </title>
</head>
<body>
<canvas id="canvas" width="500" height="500" style="border:1px solid #000">
你的浏览器不支持 canvas
</canvas>
<script type="text/javascript">
window.onload = function()
    { var ctx = document.getElementById( 'canvas' ).getContext( '2d' );
    ctx.fillRect(0,0,150,150); // 绘制矩形 高度和宽度为 150
    ctx.save();              // 保存
    ctx.fillStyle = '#09F'     // 改变矩形颜色
    ctx.fillRect(15,15,120,120); // 绘制矩形  高度和宽度为 120
    ctx.save();              // 保存
    ctx.fillStyle = '#FFF'     // 给矩形添加颜色
    ctx.globalAlpha = 0.5;  // 透明度
    ctx.fillRect(30,30,90,90);
    ctx.restore();
    ctx.fillRect(45,45,60,60);
    ctx.restore();
    ctx.fillRect(60,60,30,30);
  }
</script>
</body>
</html>
```

2 位移画布

程序中使用 ctx.translate(x,y) 方法进行画布的平移，其中 x 表示添加到水平坐标（x）上的值，y 表示添加到垂直坐标（y）上的值，发生位移后，相当于把画布的 0,0 坐标 更换到新的 x,y 的位置，所有绘制的新元素都被影响。该方法一般与缩放和旋转一起使用。如图 7.11 所示。

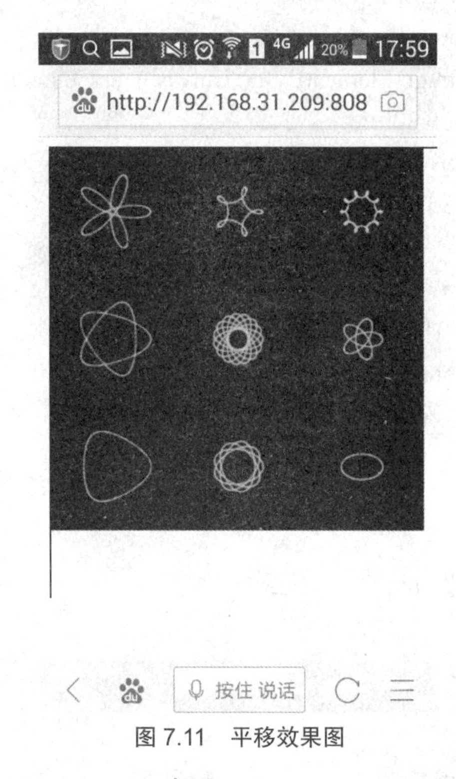

图 7.11　平移效果图

为了实现图 7.11 的效果，新建 CORE0708.html，代码如 CORE0708 所示。

代码 CORE0708：平移的应用代码

```
<!doctype html>
<html>
<head>
<meta charset="utf-8">
<meta content="width=device-width, initial-scale=1.0, minimum-scale=1.0, maxi-
mum-scale=1.0,user-scalable=no" name="viewport" />
<meta name="format-detection" content="telephone=no"/>
<meta name="apple-mobile-web-app-status-bar-style" />
<title> 平移效果图 </title>
</head>
<body>
<canvas id="canvas" width="500" height="500" style="border:1px solid #000">
你的浏览器不支持 canvas
```

```
</canvas>
<script type="text/javascript">
window.onload = function() {
    var ctx = document.getElementById( 'canvas' ).getContext( '2d' );
     ctx.fillRect(0,0,300,300);
      for ( var i=0;i<3;i++) {
        for ( var j=0;j<3;j++) {
          ctx.save();
          ctx.strokeStyle = "#dcdcdc" ;
          ctx.translate(50+j*100,50+i*100);
          drawSpirograph(ctx,20*(j+2)/(j+1),-8*(i+3)/(i+1),10);
     ctx.restore();/* 用来绘制螺旋（spirograph）图案 */
          }
      }
  }
  function drawSpirograph(ctx,R,r,O){
     var x1 = R-O;
     var y1 = 0;
     var i  = 1;
     ctx.beginPath();
     ctx.moveTo(x1,y1);
     do {
     if (i>20000) break ;
     var x2 = (R+r)*Math.cos(i*Math.PI/72) - (r+O)*Math.cos(((R+r)/r)*(i*Math.PI/72))
     var y2 = (R+r)*Math.sin(i*Math.PI/72) - (r+O)*Math.sin(((R+r)/r)*(i*Math.PI/72))
     ctx.lineTo(x2,y2);
     x1 = x2;
     y1 = y2;
     i++;
     } while (x2 != R-O && y2 != 0 );
     ctx.stroke();
  }
</script>
</body>
</html>
```

3 图形缩放

实现图形的缩放使用 scale(x,y) 函数，该函数包含两个参数，分别代表 x，y 两个方向上的值。使用 Canvas 实现图像缩放效果如图 7.12 所示。

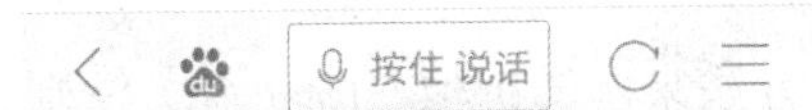

图 7.12　图像缩放效果图

为了实现图 7.12 的效果，新建 CORE0709.html，代码如 CORE0709 所示。

代码 CORE0709：图像缩放代码

```
<!doctype html>
<html>
<head>
<meta charset="utf-8">
<meta content="width=device-width, initial-scale=1.0, minimum-scale=1.0, maxi-
mum-scale=1.0,user-scalable=no" name="viewport" />
<meta name="format-detection" content="telephone=no"/>
<meta name="apple-mobile-web-app-status-bar-style" />
<title>canvas 图像缩放 </title>
</head>
<body>
<canvas id="canvas" width="300" height="300" style="border:1px solid #000">
你的浏览器不支持 canvas
</canvas>
<script type="text/javascript">
```

```
        window.onload = function() {
        var canvas=document.getElementById("canvas");
        var context=canvas.getContext("2d");
        context.fillStyle="#dcdcdc";
        context.fillRect(0,0,200,300);
        context.translate(100,50);
        context.fillStyle='rgba(0,50,0,0.25)';
        for(var i=0;i<50;i++){
                context.scale(3,0.5);
                context.fillRect(0,10,200,50);}
        }
    </script>
    </body>
    </html>
```

4 图形旋转

使用 context.rotate(angle) 方法来旋转图像。rotate() 方法默认是从左上端的（0,0）开始旋转，通过一个指定角度来改变画布的坐标和 Canvas 在浏览器中的映射。

使用 Canvas 图形旋转的效果如图 7.13 所示。

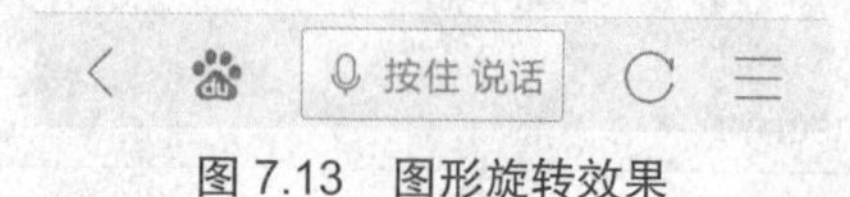

图 7.13　图形旋转效果

为了实现图 7.13 的效果，新建 CORE0710.html，代码如 CORE0710 所示。

代码 CORE0710：图形旋转代码

```
<!doctype html>
<html>
<head>
<meta charset="utf-8">
<meta content="width=device-width, initial-scale=1.0, minimum-scale=1.0, maxi-
mum-scale=1.0,user-scalable=no" name="viewport" />
<meta name="format-detection" content="telephone=no"/>
<meta name="apple-mobile-web-app-status-bar-style" />
<title> 图形旋转 </title>
</head>
<body>
<canvas id="canvas" width="300" height="300" style="border:1px solid #000">
你的浏览器不支持 canvas
</canvas>
<script type="text/javascript">
  var canvas =document.getElementById("canvas");
  var context2D =canvas.getContext("2d");
  var pic = new Image();
  pic.src ="logo.jpg"; // 图片在根目录下
  function draw(){
    context2D.clearRect(0,0,600,400);
    context2D.save();// 保存画笔状态
    context2D.rotate(Math.PI/10*Math.random());// 开始旋转
    context2D.drawImage(pic,100, 100);
    context2D.restore();// 绘制结束以后，恢复画笔状态
  }
  setInterval(draw, 1000);
</script>
</body>
</html>
```

技能点 6　图形组合

前面已经讲过将一个图形画在另一个图形之上，本节主要介绍利用图形组合属性改变图形的绘制顺序，图形组合属性值如表 7.6 所示。

表 7.6　图形组合属性

值	描述	图形
source-atop	新图形中与原有内容重叠的部分会被绘制，并覆盖于原有内容之上	
destination-atop	原有内容中与新内容重叠的部分会被保留，并会在原有内容之下绘制新图形	
lighter	两图形中重叠部分作加色处理	
darker	两图形中重叠的部分作减色处理	
xor	重叠的部分会变成透明	
copy	只有新图形会被保留，其他都被清除掉	
source-over (default)	这是默认设置，新图形会覆盖在原有内容之上	
destination-over	会在原有内容之下绘制新图形	
source-in	新图形会仅仅出现与原有内容重叠的部分。其他区域都变成透明的	
destination-in	原有内容中与新图形重叠的部分会被保留，其他区域都变成透明的	
source-out	结果是只有新图形中与原有内容不重叠的部分会被绘制出来	
destination-out	原有内容中与新图形不重叠的部分会被保留	

技能点 7　使用图像

要在画布 Canvas 上绘制图像，首先需要准备一张图片，图片可以通过 HTML5 或 JS 引入，绘制图形的方法如表 7.7 所示。

表 7.7　使用图像的方法

方法	说明
drawImage(image,dx,dy)	接受一个图片，并将之画到 Canvas 中。给出的坐标 (dx-,dy) 代表图片的左上角位置
drawImage(image,dx,dy,dw,dh)	接受一个图片，将其缩放，宽度为 dw 和高度为 dh, 然后把它画到 Canvas 上的 (dx,dy)
drawImage(image,sx,sy,sw,sy,dx,dy,dw,dh)	接受一个图片，通过参数 (sx,sy,sw,sh) 指定图片剪裁的范围，并缩放到 (dw,dh) 的大小，然后然后把它画到 Canvas 上的 (dx,dy)

使用 Canvas 剪裁图片的效果如图 7.14 所示。

图 7.14　剪裁图片效果

为了实现图 7.14 的效果，新建 CORE0711.html，代码如 CORE0711 所示。

代码 CORE0711：剪裁图片

```
<!doctype  html>
<html>
<head>
<meta http-equiv="Content-type" content="text/html; charset = utf-8" />
<meta   content="width=device-width,   initial-scale=1.0,   minimum-scale=1.0,   maxi-
mum-scale=1.0,user-scalable=no" name="viewport" />
<meta name="format-detection" content="telephone=no"/>
<meta name="apple-mobile-web-app-status-bar-style"  />
<title>HTML5 剪裁图片 </title>
<script type="text/javascript" charset="utf-8">
// 这个函数将在页面完全加载后调用
function pageLoaded()
{
  // 获取 canvas 对象的引用，注意 tCanvas 名字必须和下面 body 里面的 id 相同
  var canvas = document.getElementById('tCanvas');
  // 获取该 canvas 的 2D 绘图环境
  var context = canvas.getContext('2d');
  // 获取图片对象的引用
  var image = document.getElementById('img1');
  // 在 (10,50) 处绘制图片
  context.drawImage(image,10,30);
  // 缩小图片至原来的一半大小
  context.drawImage(image,180,30,165/2,86/2);
  // 绘制图片的局部（从左上角开始切割 0.7 的图片）
  context.drawImage(image,0,0,0.7*165,0.7*86,300,50,0.7*165,0.7*86);
}
</script>
</head>
<body onload="pageLoaded();">
<canvas width="450" height="150" id="tCanvas" style="border:black 1px solid;">
<!-- 如果浏览器不支持则显示如下字体 --> 提示：你的浏览器不支持
<!--<canvas>--> 标签
</canvas>
<br>
<img src="logo.jpg" id="img1" />
</body>
</html>
```

通过下面八步的操作，实现图 7.2 所示的用 HTML5 绘制钟表。

第一步：打开 Sublime Text 软件，新建 CORE0712.html 文件。

第二步：在 <head> 里面添加 <meta> 标签，使网页适应手机屏幕宽度。代码如 CORE0712 所示。

代码 CORE0712：<meta> 标签

```
<meta content="width=device-width, initial-scale=1.0, minimum-scale=1.0, maximum-scale=1.0,user-scalable=no" name="viewport" />
<meta name="format-detection" content="telephone=no"/>
<meta name="apple-mobile-web-app-status-bar-style" />
```

第三步：在 HTML 中定义一个画布 Canvas，设置画布的宽度和高度，代码 CORE0713 如下，效果如图 7.15 所示。

代码 CORE0713：定义 Canvas

```
<!doctype html>
<html>
<head>
<meta content="width=device-width, initial-scale=1.0, minimum-scale=1.0, maximum-scale=1.0,user-scalable=no" name="viewport" />
<meta name="format-detection" content="telephone=no"/>
<meta name="apple-mobile-web-app-status-bar-style" />
<meta charset="utf-8">
<title> 钟表 </title>
</head>
<body>
<canvas id="canvas" width=400 height=400 style="border: 1px #ccc solid;">
  您的浏览器不支持 canvas，请更换浏览器
</canvas>
</script>
</body>
</html>
```

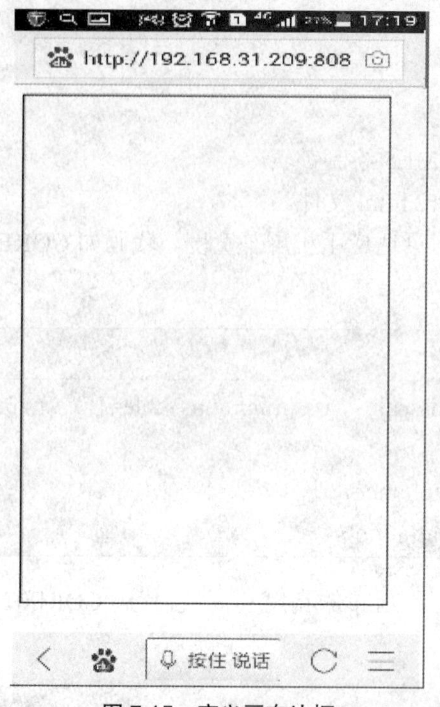

图 7.15　定义画布边框

图 7.16　表盘效果图

第四步：获取 Canvas 的 id 并创建 Canvas 对象。代码 CORE0714 如下。

代码 CORE0714：获取 Canvas 的 id 并创建 Canvas 对象

```
var canvas=document.getElementById('canvas');
var context=canvas.getContext('2d');
context.save(); ////////////////////////////////// 保存
context.translate(200,200);
var deg=2*Math.PI/12;
```

第五步：绘制表盘，代码 CORE0715 如下，效果如图 7.16 所示。

代码 CORE0715：绘制表盘

```
context.beginPath();
for(var i=0;i<13;i++){
var x=Math.sin(i*deg);
var y=-Math.cos(i*deg);
context.lineTo(x*150,y*150);
}
var c=context.createRadialGradient(0,0,0,0,0,130);
c.addColorStop(0,"#44f");
c.addColorStop(1,"#eee");
```

```
context.fillStyle=c;
context.fill();
context.closePath();
context.restore();
```

第六步：绘制表盘中的数字，并在表盘中显示刻度，刻度分大刻度和小刻度，代码如 CORE0716 如下，效果如图 7.17 所示。

代码 CORE0716：绘制数字和刻度

```
/////////////////////////////////////////////////// 数字
context.save();
context.beginPath();
for(var i=1;i<13;i++){
var x1=Math.sin(i*deg);
var y1=-Math.cos(i*deg);
context.fillStyle="#fff";
context.font="bold 20px Calibri";
context.textAlign='center';
context.textBaseline='middle';
context.fillText(i,x1*120,y1*120);
}
context.closePath();
context.restore();
/////////////////////////////////////////////////// 大刻度
context.save();
context.beginPath();
for(var i=0;i<12;i++){
var x2=Math.sin(i*deg);
var y2=-Math.cos(i*deg);
context.moveTo(x2*148,y2*148);
context.lineTo(x2*135,y2*135);
}
context.strokeStyle='#fff';
context.lineWidth=4;
context.stroke();
context.closePath();
context.restore();
/////////////////////////////////////////////////// 小刻度
```

```
context.save();
var deg1=2*Math.PI/60;
context.beginPath();
for(var i=0;i<60;i++){
var x2=Math.sin(i*deg1);
var y2=-Math.cos(i*deg1);
context.moveTo(x2*146,y2*146);
context.lineTo(x2*140,y2*140);
}
context.strokeStyle='#fff';
context.lineWidth=2;
context.stroke();
context.closePath();
context.restore();
```

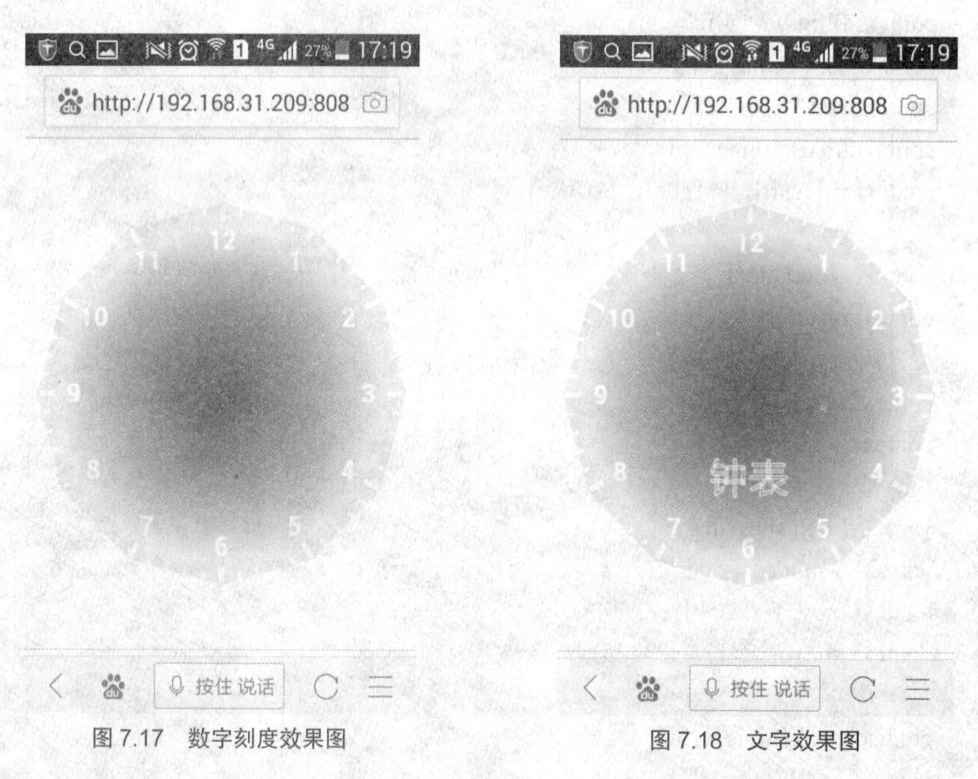

图 7.17　数字刻度效果图　　　　图 7.18　文字效果图

第七步：绘制文字 Canvas，代码 CORE0717 如下，效果如图 7.18 所示。

代码 CORE0717:绘制文字 Canvas

```
////////////////////////////////////////////////////// 文字
context.save();
context.strokeStyle="#fff";
context.font=' 34px sans-serif';
context.textAlign='center';
context.textBaseline='middle';
context.strokeText(' 钟表 ',0,65);
context.restore();
```

第八步:绘制钟表的表针,代码 CORE0718 如下,效果如图 7.2 所示。

代码 CORE0718:绘制钟表的表针

```
//////////////////////////////////////////////////////new Date
var time=new Date();
var h=(time.getHours()%12)*2*Math.PI/12;
var m=time.getMinutes()*2*Math.PI/60;
var s=time.getSeconds()*2*Math.PI/60;

////////////////////////////////////////////////////// 时针
context.save();
context.rotate( h + m/12 + s/720) ;
context.beginPath();
context.moveTo(0,6);
context.lineTo(0,-85);
context.strokeStyle="#aaa";
context.lineWidth=6;
context.stroke();
context.closePath();
context.restore();
////////////////////////////////////////////////////// 分针
context.save();
context.rotate( m+s/60 ) ;
context.beginPath();
context.moveTo(0,8);
context.lineTo(0,-105);
context.strokeStyle="#aaa";
context.lineWidth=4;
```

```
context.stroke();context.closePath();
context.restore();
/////////////////////////////////////////////// 秒针
context.save();
context.rotate( s ) ;
context.beginPath();
context.moveTo(0,10);
context.lineTo(0,-120);
context.strokeStyle="#aaa";
context.lineWidth=2;
context.stroke();
context.closePath();
context.restore();
context.restore();/////////////////////////////// 栈出
setTimeout(draw, 1000);/////////////////////////////// 计时器
```

至此，已绘制出我们想要的效果。

拓展练习

【拓展目的】

练习 HTML5 中的 <canvas> 标签。

【拓展内容】

利用本次任务介绍的技术和方法，制作疯狂俄罗斯方块游戏界面，效果如图 7.19 所示。

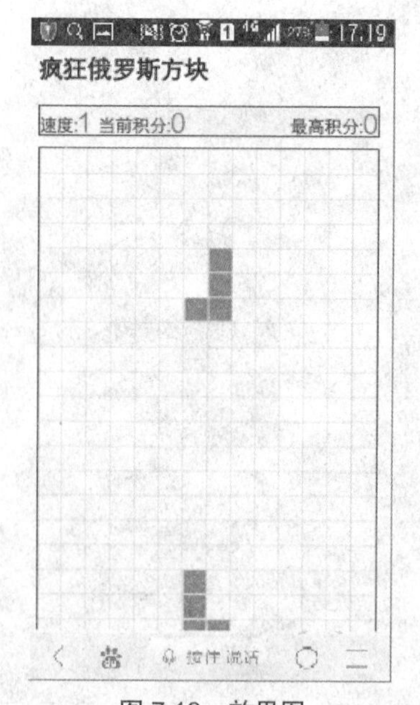

图 7.19　效果图

【拓展步骤】

JavaScript 主要代码 CORE0719 如下：

代码 CORE0719：JavaScript 主要代码

```
var initBlock = function()
{
  var rand = Math.floor(Math.random() * blockArr.length);
  // 随机生成正在下掉的方块
  currentFall = [
            {x: blockArr[rand][0].x , y: blockArr[rand][0].y
                , color: blockArr[rand][0].color},
            {x: blockArr[rand][1].x , y: blockArr[rand][1].y
                , color: blockArr[rand][1].color},
            {x: blockArr[rand][2].x , y: blockArr[rand][2].y
                , color: blockArr[rand][2].color},
            {x: blockArr[rand][3].x , y: blockArr[rand][3].y
                , color: blockArr[rand][3].color}
  ];
};
// 定义一个创建 canvas 组件的函数
var createCanvas = function(rows , cols , cellWidth, cellHeight)
{
  tetris_canvas = document.createElement("canvas");
  // 设置 canvas 组件的高度、宽度
  tetris_canvas.width = cols * cellWidth;
  tetris_canvas.height = rows * cellHeight;
  // 设置 canvas 组件的边框
  tetris_canvas.style.border = "1px solid black";
  // 获取 canvas 上的绘图 API
  tetris_ctx = tetris_canvas.getContext('2d');
  // 开始创建路径
  tetris_ctx.beginPath();
  // 绘制横向网络对应的路径
  for (var i = 1 ; i < TETRIS_ROWS ; i++)
  {
        tetris_ctx.moveTo(0 , i * CELL_SIZE);
        tetris_ctx.lineTo(TETRIS_COLS * CELL_SIZE , i * CELL_SIZE);
  }
```

```
        // 绘制竖向网络对应的路径
        for (var i = 1 ; i < TETRIS_COLS ; i++)
        {
                tetris_ctx.moveTo(i * CELL_SIZE , 0);
                tetris_ctx.lineTo(i * CELL_SIZE , TETRIS_ROWS * CELL_SIZE);
        }
        tetris_ctx.closePath();
        // 设置笔触颜色
        tetris_ctx.strokeStyle = "#aaa";
        // 设置线条粗细
        tetris_ctx.lineWidth = 0.3;
        // 绘制线条
        tetris_ctx.stroke();
}
```

本次任务通过网页图形绘制的训练，重点熟悉了 HTML5 中的 <canvas> 标签、画布与画笔、坐标与路径、各种网页图形的绘制、图片的绘制、阴影效果和颜色渐变效果的设置等，学会了应用 <canvas> 标签以及相关属性和方法进行网页图形绘制与游戏设计的方法。

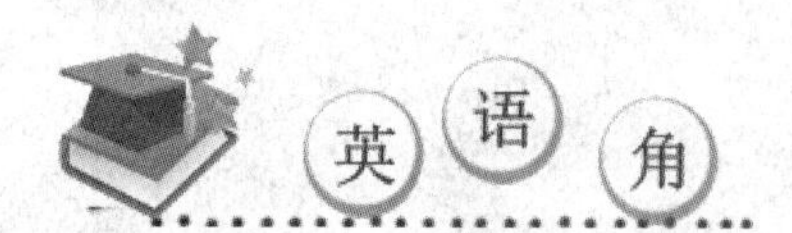

canvas　画布
stroke　敲击
LineWidth　线条宽度
function　函数
getContext()　返回内容
lineTo()　绘制结束坐标
moveTo()　线条开始坐标

一、选择题

1. 以下不是 Canvas 的方法是（　　）。

（A）getContext()　（B）fill()　（C）stroke()　（D）controller()

2. 以下关于 canvas 说法正确的是（　　）。

（A）clearRect(width, height,left, top) 清除宽为 width、高为 height, 左上角顶点在 (left,top) 点的矩形区域内的所有内容

（B）drawImage() 方法有 4 种原型

（C）fillText() 第 3 个参数 maxWidth 为可选参数

（D）fillText() 方法能够在画布中绘制字符串

3. 以下关于 Canvas 说法正确的是（　　）。

（A）HTML5 标准中加入了 WebSql 的 api

（B）HTML5 支持 IE8 以上的版本（包括 IE8）

（C）HTML5 仍处于完善之中

（D）HTML5 将取代 Flash 在移动设备的地位

4. 以下说法不正确的是（　　）。

（A）HTML5 标准还在制定中　（B）HTML5 兼容以前 HTML4 下浏览器

（C）<canvas> 标签替代 Flash　（D）简化的语法

5. 关于 HTML5 说法错误的是（　　）。

（A）Canvas 是 HTML 中你可以绘制图形的区域

（B）SVG 表示可缩放矢量图形

（C）queryselcctor 的功能类似于 jQuery 的选择器

（D）queryString 是 HTML5 查找字符串的新方法

项目八　用 HTML5+CSS3 开发迅腾科技集团首页

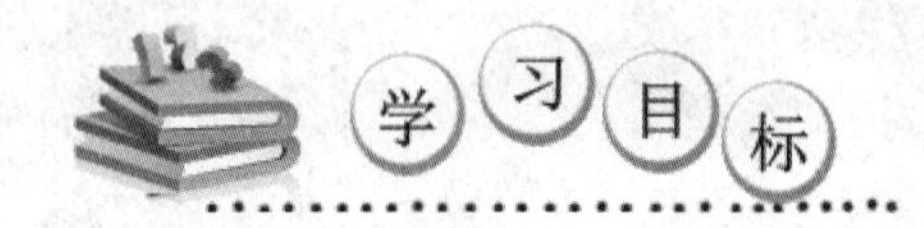

通过实现迅腾科技集团网站的界面，学习 HTML5、CSS3 新特性，了解 HTML5 新标签、掌握 CSS3 新增属性以及响应式布局的应用，在任务实现过程中：

- 了解网站的设计流程；
- 了解跨平台的新增属性；
- 掌握 HTML5 标签的使用；
- 掌握 CSS3 新增属性。

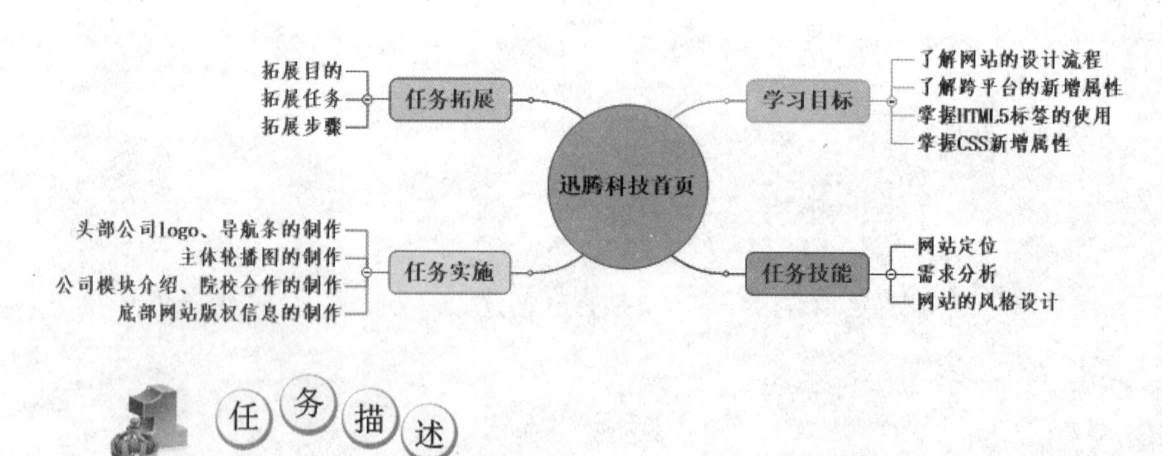

任务描述

【情境导入】

随着 HTML5 的发展，目前很多 APP 应用和跨设备的网站开始使用 HTML5 开发，许多购物网站，商业网站也应用了 HTML5 的新特性，本项目从需求分析着手，讲解 HTML5 和 CSS3

网站的设计与制作。

【功能描述】

- 头部包括公司 logo，导航条；
- 主体包括轮播图，公司相关模块介绍，院校合作；
- 底部包括本站点的版权信息。

【基本框架】

基本框架如图 8.1 所示。通过本任务的学习，能将框架图 8.1 转换成效果图 8.2。

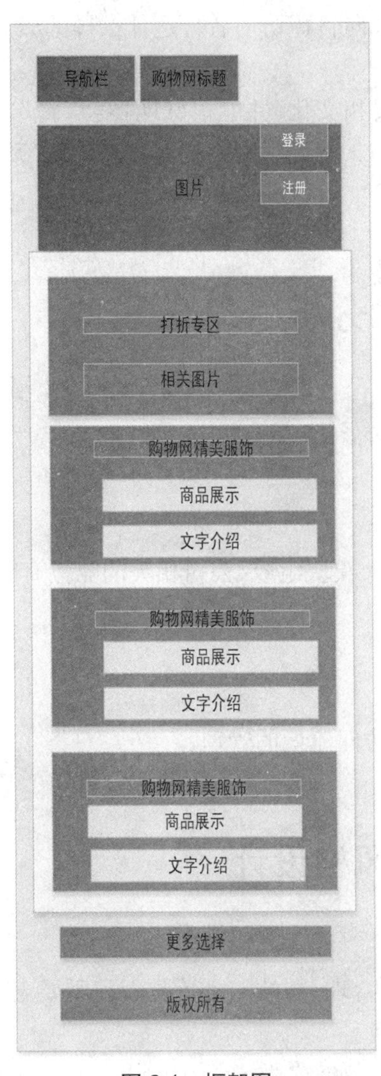

图 8.1　框架图

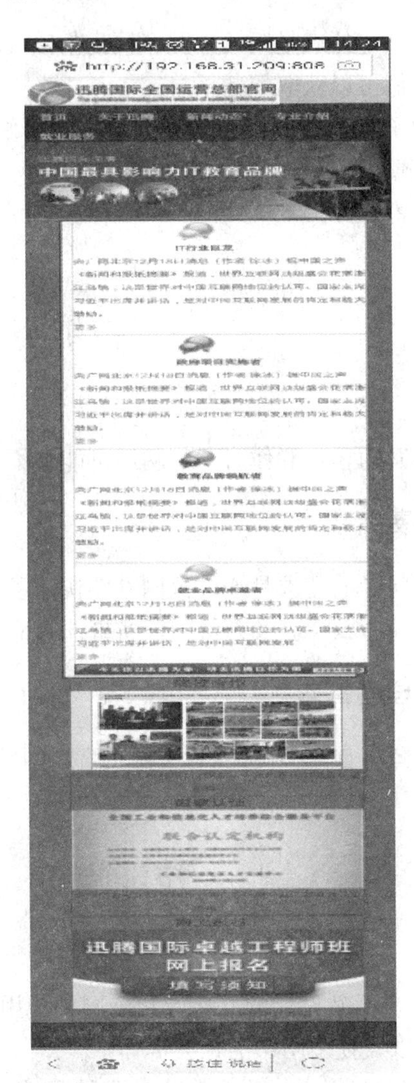

图 8.2　效果图

技能点 1　网站定位

网站定位就是网站在互联网上扮演什么样的角色，向目标访问者传达什么样的概念，通过网站我们可以获取哪些信息。

为了让公司的访问者能够快速地了解公司的框架和文化，并能很好地体会“腾”精神，公司决定使用 HTML5+CSS3 设计一个响应式布局的网站。明确了网站的客户群体后，开始对网站进行需求分析。

技能点 2　需求分析

不同的客户群体对一个网站可能有不同的需要，这个需要是网站建设的基础。

1　消费者需求

访问者的需求是通过该网站能快速了解公司由几大模块组成、公司相关的业务有哪些、公司的业绩怎么样以及公司的最新事件等信息。

2　管理者需求

在公司官网中，管理者主要负责新闻、用户信息和访问流量的管理。

技能点 3　网站的风格设计

一个网站设计的好坏取决于网站使用的框架是否合理、网站的颜色是否和所要表达的主题贴近以及使用网站的社会群体。

在布局上，考虑大多数人的浏览习惯。因此布局采用横向版式，上中下的格局，并且将网站名称放入最佳视觉区域，通常为左上角。版面设计可以为多种元素的组合，版式设计简洁大方，并配合色彩风格形成独特的视觉效果。

通过下面七步，实现图 8.2 所示的迅腾科技集团首页。

第一步：打开 Sublime Text2 软件。

第二步：点击文件—新建文件—保存为文件。

第三步：在 <head> 里面添加 <meta> 标签，使网页适应手机屏幕宽度。代码 CORE0801 如下：

代码 CORE0801：<meta> 标签

```
<meta content="width=device-width, initial-scale=1.0, minimum-scale=1.0, maxi-
mum-scale=1.0,user-scalable=no" name="viewport" />
<meta name="format-detection" content="telephone=no"/>
<meta name="apple-mobile-web-app-status-bar-style" />
```

第四步：头部的制作。

头部为公司的 logo 和整个网站的导航栏，logo 为图片，导航栏采用无序列表，采用 <ul> 标签和 <li> 标签，无序列表嵌套在 <nav> 标签中，代码 CORE0802 如下，效果如图 8.3 所示。

代码 CORE0802：头部 HTML 代码

```
<!-- 头部开始 -->
<header>
        <div id="logo"><a href=""><img src="images/logo.jpg"></a></div>
</header>
<div class="social">
<nav>
<ul>
<li><a href="##"> 首页 </a></li>
<li><a href="##"> 关于迅腾 </a></li>
<li><a href="gallery.html"> 新闻动态 </a></li>
<li><a href="##"> 专业介绍 </a></li>
<li><a href="##"> 就业服务 </a></li>
</ul>
</nav>
</div>
<!-- 头部结束 -->
```

网站的头部结构完成后，开始修改头部网站的样式，代码 CORE0803 如下，效果如图 8.4 所示。

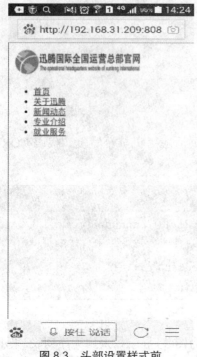

图 8.3 头部设置样式前

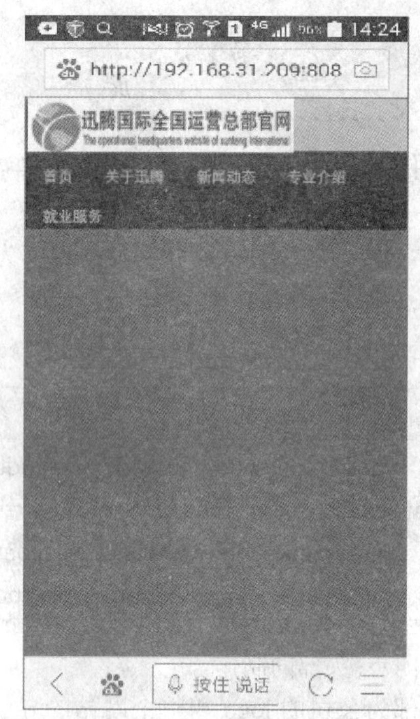

图 8.4 头部设置样式后

代码 CORE0803：头部 CSS 样式

```
/* 设置公共样式 */
*{
        background:transparent;
        border:0 none;/* 边框为 0*/
        font-size:100%;
        margin:0;/* 外边距为 0*/
        padding:0;/* 内边距为 0*/
        outline:0;
        vertical-align:top;}
ol, ul {list-style:none;/* 样式设为无 */}
table, table td {
        padding:0;
        border:none;
        border-collapse:collapse;}
html, body {width:100%;}
body {background: #598084 ;/* 背景颜色 */
```

```
    color: #474747;/* 字体颜色 */
    font: 12px/25px Arial, Helvetica, sans-serif;}
a{color: #598084;/* 链接颜色 */
text-decoration: none;/* 链接下划线为无 */}
a:hover {text-decoration: none;}
/*-- 头部 - 样式 - */
header {width:80%;
        height:100px;
        position:relative;
        margin: 10px auto 0px auto;
        background:#CCC;
        border:1px solid #000000;
        border-radius: 5px 5px 0 0;
        box-shadow: 0px 20px 40px 0px rgba(255, 255, 255, 0.1) inset, 0px 1px 1px 
0px rgba(255, 255, 255, 0.05) inset;}
header #logo {
        position:absolute;
        top:0px;
        left: 0px;
        margin-bottom:10px;}
/*---- 菜单导航条 ----- */
.social nav {
        position:absolute;
        top:5px;
        right:50px;
        height: 37px;}
.social nav ul {
        list-style: none;
        margin: 0;
        padding: 0;}
.social nav ul li {
        position: relative;
        float: left;
        padding: 6px 5px 0px 5px}
.social nav ul li a {
```

```
        font-size: 14px;
        line-height:14px;
        color: #CCC;
        display: block;
        padding: 6px 10px 6px 10px;
        margin-bottom: 5px;
        z-index: 6;position: relative;font-weight:bold;}
header nav ul li:hover a{color:#ffffff;}
```

第五步：主体轮播图制作。

公司图片在 <section> 标签中，图片使用无序列表显示。代码 CORE0804 如下，效果如图 8.5 所示。

代码 CORE0804：主体轮播图 HTML 代码

```
<!-------------- 轮播图开始 --------------->
<div>
<section class="featured">
        <div class="rslides_container">
                <ul class="rslides" id="slider">
                    <li><img src="images/01.jpg"/></li>
                    <li><img src="images/02.jpg"/></li>
                    <li><img src="images/03.jpg"/></li>
                </ul>
          </div>
</section>
<!-------------- 轮播图结束 --------------->
```

设置轮播图样式，代码 CORE0805 如下，效果如图 8.6 所示。

图 8.5　轮播图设置样式前

图 8.6　轮播图设置样式后

代码 CORE0805：主体轮播图 CSS 代码

```
.featured{
        width:80%;
        margin:0 auto;
        border-left:1px solid #000000;
        border-bottom:1px solid #000000;
        border-right:1px solid #000000;}
```

第六步：主体公司介绍制作。

公司介绍分为三部分：第一部分为公司的相关信息介绍，第二部分为公司广告条，第三部分为公司的合作院校相关信息的介绍。

公司相关信息介绍主要是图片，标题和文字组成，代码 CORE0806 如下，效果如图 8.7 所示。

代码 CORE0806：公司相关信息介绍 HTML 代码

```
<div class="block">
        <div class="row">
            <div class="col04">
                <section>
                    <div class="heading">
                        <img src="images/top1_1.jpg"/>
                        <h2>IT 行业巨龙 </h2>
                    </div>
                    <div class="content">
                        <p> 央广网北京 12 月 18 日消息（作
者 徐冰）据中国之声《新闻和报纸摘要》报道，世界互联网顶级盛会花落浙江乌镇，这是
世界对中国互联网地位的认可。国家主席习近平出席并讲话，是对中国互联网发展的
肯定和极大鼓励。</p>
                        <p class="more"><a class="button"
href="single.html"> 更多 </a></p>
                    </div>
                </section>
            </div>
            <div class="col04">
                <section>
                    <div class="heading">
                        <img src="images/top1_2.jpg"/>
                        <h2> 政府项目实施者 </h2>
                    </div>
                    <div class="content">
                        <p> 央广网北京 12 月 18 日消息（作
者 徐冰）据中国之声《新闻和报纸摘要》报道，世界互联网顶级盛会花落浙江乌镇，这是
世界对中国互联网地位的认可。国家主席习近平出席并讲话，是对中国互联网发展的
肯定和极大鼓励。</p>
                        <p class="more"><a class="button"
href="single.html"> 更多 </a></p>
                    </div>
                </section>
            </div>
            <div class="col04">
```

```
                <section>
                    <div class="heading">
                        <img src="images/top1_3.jpg"/>
                        <h2> 教育品牌领航者 </h2>
                    </div>
                        <div class="content">
                            <p> 央广网北京 12 月 18 日消息
（作者 徐冰）据中国之声《新闻和报纸摘要》报道，世界互联网顶级盛会花落浙江乌镇，
这是世界对中国互联网地位的认可。国家主席习近平出席并讲话，是对中国互联网发
展的肯定和极大鼓励。</p>
                            <p  class="more"><a  class="but-
ton" href="single.html"> 更多 </a></p>
                    </div>
                </section>
            </div>
            <div class="col04">
                <section>
                    <div class="heading">
                        <img src="images/top1_1.jpg"/>
                        <h2> 就业品牌卓越者 </h2>
                    </div>
                    <div class="content">
                        <p> 央广网北京 12 月 18 日消息（作
者 徐冰）据中国之声《新闻和报纸摘要》报道，世界互联网顶级盛会花落浙江乌镇，这是
世界对中国互联网地位的认可。国家主席习近平出席并讲话，是对中国互联网发展 </p>
                        <p   class="more"><a   class="button"
href="single.html"> 更多 </a></p>
                    </div>
                </section>
            </div>
        </div>
```

设置公司相关信息样式，代码 CORE0807 如下，效果如图 8.8 所示。

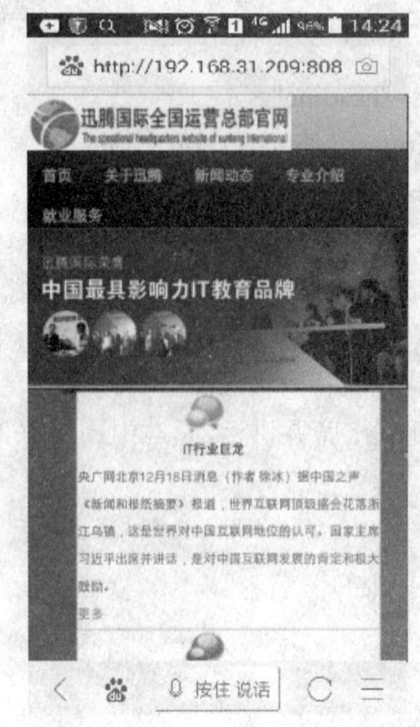

图 8.7 公司相关信息设置样式前

图 8.8 公司相关信息设置样式后

代码 CORE0807:公司相关信息 CSS 代码

```
#content{
        width:80%;
        border:1px solid #039;
        margin:0 auto;
        }
#content .block{
        width:100%;
        border:1px solid #039;
        }
#content .block .col04{
        width:23%;
        border:1px solid #0FC;
        float:left;
        background-color:#FFF;
        margin-right:6px;
        margin-left:10px;
        }
.heading {
        width:23%;
```

```
        margin:0 auto;
        }
.heading img{
        height:40px;
        width:40px;
        }
```

院校合作模块代码 CORE0808 如下，效果如图 8.9 所示。

代码 CORE0808：院校合作模块代码

```
<div class="col-1-3">
                <section>
                    <div class="heading"> 院校合作 </div>
                    <div class="content">
                        <img src="images/hu.jpg" />
                        <p> 全国信息化工程师项目 | 国家工
业和信息化部联合认证机构
                        <a class="more" href="single.html"> 更
多 </a></p>
                    </div>
                </section>
            </div>
```

图 8.9　设置院校合作模块样式前

图 8.10　设置院校合作模块样式后

设置院校合作模块样式，代码 CORE0809 如下，效果如图 8.10 所示。

代码 CORE0809：院校合作模块代码

```
.block03 .col-1-3 {
        width:32%;
        float:left;
        border:1px solid #F00;
        margin:0 5px;}
.block03 .col-1-3 .heading {
        font-size:18px;
        font-family: 宋体 ;
        font-weight:bolder;}
.block03 .col-1-3 .content img{
        height:150px;
        }
.block03 .col-1-3 .content p{
        text-align:center;
        }
```

第七步：尾部制作，代码 CORE0810 如下，效果如图 8.2 所示。

代码 CORE0810：院校合作模块代码

```
footer {width:80%;
        margin:0 auto 50px auto;
        color:#777777;
background: url(../images/bgheader.jpg);
        border:1px solid #000000;
        border-radius: 0 0 5px 5px;
        box-shadow: 0px 20px 40px 0px rgba(255, 255, 255, 0.1) inset, 0px 1px 1px 
0px rgba(255, 255, 255, 0.05) inset;}
footer .wrapfooter{
        padding:10px;
}
```

至此，迅腾科技公司网站制作完成了。

【拓展目的】

巩固 HTML5 标签和 CSS3 属性的使用。

【拓展内容】

利用本任务介绍的技术和方法，制作手机携程网主界面，效果如图 8.11 所示。

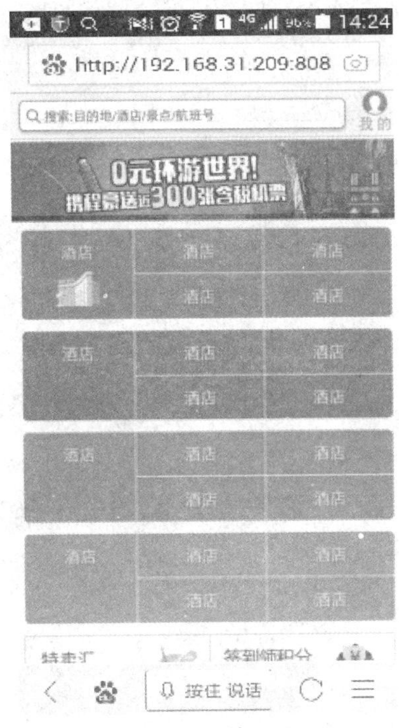

图 8.11　效果图

【拓展步骤】

（1）设计思路。

将网页分为三部分，头部为表单和我的个人信息，主体为携程网轮播图、相关内容介绍及 banner 图，底部为本站点的导航和版权信息。

（2）HTML 部分代码 CORE0811 如下。

代码 CORE0811：HTML 代码

```
<div id="focus" class="focus">
<div class="hd">
<ul></ul>
</div>
```

```
<div class="bd">
<ul>
<li><a href="#"><img src="images/1.jpg" /></a></li>
<li><a href="#"><img src="images/2.png" /></a></li>
<li><a href="#"><img src="images/3.jpg" /></a></li>
<li><a href="#"><img src="images/4.jpg" /></a></li>
<li><a href="#"><img src="images/5.jpg" /></a></li>
</ul>
</div>
</div>
```

（3）CSS 主要代码 CORE0812 如下。

代码 CORE0812：CSS 主要代码

```
.focus{
        width:100%;
        height:auto;
        margin:0 auto;
        position:relative;
        overflow:hidden;
        padding-top:46px;}
.focus .hd{
        width:100%;
        height:5px;
        position:absolute;
        z-index:1;
        bottom:0;
        text-align:center;  }
.focus .hd ul{
        overflow:hidden;
        display:-moz-box;
        display:-webkit-box;
        display:box;
        height:5px;
```

```
        background-color:rgba(51,51,51,0.5);  }
.focus .hd ul li{
        -moz-box-flex:1;
        -webkit-box-flex:1;
        box-flex:1; }
.focus .hd ul .on{
        background:#FF4000;  }
.focus .bd{
        position:relative;
        z-index:0; }
.focus .bd li img{
        width:100%;
        height:auto; }
.focus .bd li a{
        -webkit-tap-highlight-color:rgba(0, 0, 0, 0); /* 取消链接高亮 */ }
```

本次任务通过迅腾科技集团首页的学习，掌握 HTML5 新标签、CSS3 新增属性以及响应式布局的应用。